H. Neumann

Leitfaden der Psychiatrie für Mediziner und Juristen

H. Neumann

Leitfaden der Psychiatrie für Mediziner und Juristen

ISBN/EAN: 9783743357235

Hergestellt in Europa, USA, Kanada, Australien, Japan

Cover: Foto ©berggeist007 / pixelio.de

Manufactured and distributed by brebook publishing software (www.brebook.com)

H. Neumann

Leitfaden der Psychiatrie für Mediziner und Juristen

Leitfaden der Psychiatrie

für

Mediciner und Juristen

von

Dr. H. Neumann,

Professor an der Universität in Breslau,

Director d. psychiatr. Klinik u. Primärarzt d. Irrenabtheilung im Allerheiligen-Hospital.

Breslau.

Preuss & Jünger.

Vorrede.

—◇—

Als vor ungefähr 24 Jahren mein Lehrbuch der Psychiatrie erschien, befand sich in den Händen Derer, die sich für diesen Gegenstand interessirten und etwas darüber lernen wollten, nur das Lehrbuch von Griesinger. Dieses wurde allgemein gekauft, ob allgemein gelesen, ist eine andere Frage. Ich glaube das Letztere nicht, und zwar aus inneren Gründen, die ich hier anführen will.

Das Buch besticht durch die Regelmässigkeit in der Form. Es ist hübsch registraturmässig geordnet und macht einen systematischen Eindruck in einer Disciplin, die noch viel zu sehr in den Kinderschuhen steckt, als dass sie einer systematischen Darstellung fähig wäre. Ist dies aber der Fall, was wohl die Meisten zugeben werden, und wird dennoch eine systematische Darstellung versucht, so ist dies nur auf Kosten der Uebereinstimmung mit der Natur, d. h. auf Kosten der Wahrheit möglich. Der Stil, in welchem das Buch geschrieben ist, erfreut sich einer grossen Glätte und Gewandtheit, der aber jeden Anflugs von Originalität entbehrt und daher auf den Namen eines Stils keinen Anspruch erheben darf, vielmehr nur als Phraseologie oder Schönrednerei bezeichnet werden muss. Das Alles tritt recht klar hervor, sowie der Verfasser auf irgend einem Punkte angelangt, an dem eine bestimmte positive Entscheidung erwartet wird. Dann hört die Bestimmtheit auf und man stösst auf eine Phrase, die sich Jeder deuten kann, wie er Lust hat. Auf die Gefahr hin, von Vielen verketzert zu werden, behaupte ich, dass in dem ganzen Buche nicht ein origineller Gedanke ist, der zum Weiternachdenken reizt, und daraus erkläre ich mir auch die Erscheinung, dass es Griesinger nicht gelungen ist, eine Schule zu bilden und dass sich an ihn keine Literatur knüpft.

Die Behauptung, dass ein Buch, welchem originelle Gedanken fehlen und welches folgerichtig auch nicht zum Selbstdenken aufregt, diesem Umstande seine Verbreitung verdankt, ist so auffallend, dass sie einer Erklärung bedarf. Vielleicht liegt die Ursache davon in dem Geiste, der die Medicin gegenwärtig beherrscht. Wenn ein Mann von der Bedeutung eines Helmholtz in einer an die studirende Jugend gerichteten Rede öffentlich gegen das „Denken in der Medicin" auftritt, so muss es nach meiner Meinung schlimm um uns stehen. Und das spricht ein Mann, der seinen wohlbegründeten Ruhm gerade dem Umstande verdankt, dass er da gedacht hat, wo Andere nur rohes Material gekarrt haben. Beispielsweise: Dass, wenn man durch ein kleines Stallfenster in einen dunklen Kaninchenstall sieht, die Augen der Kaninchen, wenn sie sich dem Fenster zuwenden, hell erglänzen, hat seit unvordenklichen Zeiten jeder Bauerjunge gewusst. Aber Helmholtz war der Erste, der darüber gedacht hat, und so wurde er der Erfinder eines Instruments, welches die ganze Augenheilkunde auf den Kopf gestellt hat.

Ich mache unserer medicinischen Literatur noch einen zweiten Vorwurf. Ein Buch soll nicht blos eine Fundgrube für vorhandenes Material sein, sondern die Resultate des Nachdenkens über dies Material enthalten, wie es sich in einem bestimmten, individuellen Kopfe abspiegelt. Ein Buch kann also nur Einer schreiben. Ich denke an Haller, an J. P. Franck, ich erinnere an Rudolphi, den unvergesslichen Johannes Müller und aus der Jetztzeit an Niemeyer.

Die Zeiten sind vorüber, wo bedeutende Bücher einen Verfasser hatten. Jetzt sind wenigstens 20 Mitarbeiter erforderlich, von denen jeder ein Stückchen arbeitet. Wie ist da nur entfernt an die Möglichkeit einer Einheit des Gedankens, der Darstellung, der Ziele etc. zu denken. Und ohne das verdient doch das Werk nicht den Namen eines Buches. Ich lasse mir es nicht nehmen, dass wenn an die Stelle wirklicher Bücher die Encyclopädien, die Wörterbücher, die an Actienunternehmen erinnernde Theilung der Arbeit treten, dies einen gesunkenen Zustand der Literatur andeutet, wobei natürlich die auf das Einzelnste gerichtete Thätigkeit der Specialarbeiter munter und mit schönen Resultaten fortarbeiten kann.

Ueber das Einstreuen von Krankengeschichten in ein Lehrbuch kann man verschiedener Ansicht sein. Nach meiner Ansicht gehören sie in die Materialiensammlungen, nicht in das Lehrgebäude, und sind nur da am Orte, wo es sich um Aufstellung solcher Formen handelt, die das Bürgerrecht in der Wissenschaft noch nicht erlangt haben, wo es sich also gewissermaassen um ein Novum handelt. Dazu kommt, dass das Talent, Krankengeschichten so zu schreiben, dass sie lesbar sind, unserer exacten Zeit abhanden gekommen ist. Das Streben nach dürren Thatsachen und die Fernhaltung des Gedankens ist es, was unsre modernen Krankengeschichten so unerträglich langweilig macht. Und wenn Griesinger noch Krankengeschichten aus eigener Beobachtung und mit dem Stempel seiner Persönlichkeit versehen gäbe. Nein, er schreibt einfach ab und verschmäht bei dieser Thätigkeit nicht das Herabsteigen bis zur Scharteke (Sinogowitz).

Es drängt mich, hier eine Betrachtung einzuflechten, an der Mancher Anstoss nehmen wird, ohne dass er im Stande sein wird, sie zu widerlegen. Sie betrifft das Verhältniss zwischen der Empirie und dem Rationalismus, über das schon so viel gesprochen und geschrieben worden ist.

Es giebt eine Wissenschaft, welche einer empirischen Grundlage nicht bedarf, sondern aus dem Denken entspringt und im Denken endigt. Das ist die Philosophie, incl. der reinen Mathematik. Es giebt andere Wissenschaften, deren Grundlagen aus der Beobachtung der Natur entnommen werden, deren sich dann das Denken bemächtigt, um von der einzelnen Beobachtung zum Allgemeinen und wo möglich zum Gesetze aufzusteigen. Das sind die Naturwissenschaften. Bei diesen verhalten sich die empirischen Thatsachen wie die Marmorblöcke, aus denen ein Tempel gebaut ist, zu der künstlerischen Conception des Tempelbaues, der, beiläufig bemerkt, um so dauerhafter sein wird, je zuverlässiger das Material ist. Ein anderes Gleichniss ist weniger ästhetisch als das erste, aber vielleicht um desto zuverlässiger. Es wird von der Landwirthschaft hergenommen. Wer eine gute Ernte erleben will, muss dafür Sorge tragen, dass der Boden reichliche Dungstoffe besitzt oder dass ihm dieselben zugeführt werden. Aber das giebt noch lange keine Ernte. Dem Acker müssen die goldenen Saatkörner einverleibt werden und schliesslich bedarf es der Wirkung der Sonne, um das gewünschte Resultat zu erreichen. In diesem Gleichnisse spielen die empirischen Thatsachen die Rolle des Düngers; die Samenkörner sind die vorläufig aus ihnen abstrahirten Thatsachen, die Wissenschaft aber erblüht erst unter dem Einflusse der Sonne des Denkens.

Nun zurück zu unsern Lehrbüchern. Fast gleichzeitig mit dem meinigen erschien das Lehrbuch von Flemming, eines Mannes, dessen literarischer Ruf schon lange vor dem Erscheinen dieses Werkes feststand. Auch dieses hat, meines Wissens, nicht den wünschenswerthen Erfolg gehabt. Von ihm kann man fast das Gegentheil von dem sagen, was ich über Griesinger ausgesprochen. Er war zu gut für seine Zeit. Er appellirt nicht an Schüler, welche Material in sich aufnehmen wollen, sondern an solche, welche denken können und wollen. Und deren giebt es Wenige. Flemming tritt einige Schritte von der empirischen Beobachtung zurück, doch nicht weiter als Baco fordert (Nos vero intellectum longius a rebus non abstrahimus quam ut rerum imagines et radii, ut in sensu fit, coire possint). Aber die Hauptsache ist, er giebt eine Fülle von Gedanken, die nicht leicht Jemand zu widerlegen unternehmen wird, die aber nachzudenken und weiter auszudenken die jetzige Generation zu bequem ist.

Der Verf. gelangt jetzt auf den heikeln Punkt, von seinem eignen Lehrbuche zu sprechen und hofft dabei unbefangen zu sein. Er hat sich zur Aufgabe gestellt: 1) der vernachlässigten Seele zu ihrem Rechte wieder zu verhelfen; 2) die Schilderung der Formen möglichst kurz und möglichst naturgetreu zu geben und 3) das empirische Material fortwährend mit Gedanken zu durchweben; 4) die üblichen Klassificationen als durchaus unzureichend darzustellen, ohne im Stande zu sein, eine bessere an ihre Stelle zu setzen.

Die Kritik ist dem Buche wohlwollend entgegengekommen und obwohl es allgemein anerkannt wurde, dass es, im Gegensatze zu andern Schriften, sich durch Lesbarkeit auszeichnete, so ist doch seine buchhändlerische Wirkung eine beschränkte gewesen, während Griesinger eine Auflage nach der andern erfuhr. Doch habe ich eine Genugthuung erlebt. Als etwa 20 Jahre nach dem Erscheinen meines Lehrbuchs plötzlich die Lehrbücher überraschend hervorwuchsen (Schüle, von Krafft-Ebing, Dittmar, Emminghaus), da fand ich zu meiner Freude, dass sämmtliche Verfasser mein Lehrbuch fleissig und wohlwollend citirten und dass ich also doch nicht omnis mortuus sei.

In dem Leitfaden, den ich hiermit den Lesern vertrauensvoll übergebe, habe ich die alten Grundsätze festgehalten und mich dabei der möglichsten Kürze und der möglichsten Durchsichtigkeit befleissigt. Was ich erstrebe, muss Jedem deutlich erkennbar sein. Bei der entschiedenen Stellung, die ich zu der anatomischen Auffassung nehme, wird Niemand behaupten können, dass ich der Mode Concessionen zu machen geneigt bin.

Die Nachsicht des Lesers muss ich mir noch besonders für zwei Punkte erbitten.

Erstens war es bei der einmal angenommenen Oekonomie in der Vertheilung des Stoffes nicht gut möglich, Wiederholungen zu vermeiden. Dies ist namentlich zu bemerken in Bezug auf die Frage von der Erblichkeit der Seelenstörungen und die von der Monomanie. In beiden Fällen war es nicht gut zu umgehen,

VIII

die Angelegeuheit einmal im pathologischen Zusammenhang und einmal in genereller, in specie gerichtlicher Beziehung zu behandeln.

Während es sich hierbei um ein Zuviel handelt, giebt es zweiteus eineu Puukt, iu welchem man über ein Zuwenig klagen kanu. Dieser Punkt betrifft die Nichterwähnung der Aphasie. Ob die Aphasie überhaupt in das engere Reich der Psychosen gehört, ist bekauntlich noch eiue offene Frage. Jedenfalls steht die Sache praktisch so, dass weder in der Entmüudigungsfrage, noch in der Verhaudlung über Zurechnungsfähigkeit von ihr ein einflussreicher Gebrauch gemacht werden kann. Aber das hat mich nicht alleiu bestimmt. Wichtiger für mich war der subjective Grund, dass trotz aller eiuschlägigeu, sehr bedeutenden Literatur, welche in dem klassischen Werke vou Kussmaul gipfelt, es mir nicht möglich geweseu ist, eiue selbstständige und so klare Auffassung dieser Krankheitsform zu gewiunen, welche ich als Vorbedingung einer eignen, zur Darstellung in einem Leitfaden geeigneten Auschauuug ansehen zu müssen glaubte. Auch hatte es ein Zufall gefügt, dass mir seit der Zeit, in welcher ich mich für die Aphasie näher zu interessireu aufing, das eigne Beobachtuugsmaterial zu mangeln aufing. Sollte das mehr als Zufall seiu? Sollte die Aphasie wirklich seltner werdeu?

Breslau, den 17. August 1883.

Dr. Heinrich Neumann.

§ 1.

Der Mensch besitzt sämmtliche Functionen des Thierreichs (vegetative und animalische). Aber er besitzt etwas, was das Thier nicht besitzt.

§ 2.

Dies ist nicht das Bewusstsein. Denn dem Thiere, welchem wir Empfindung und willkürliche Bewegung zusprechen, können wir ein Bewusstsein nicht absprechen.

§ 3.

Der Mensch allein aber kann denken und kann es in seinen Denkoperationen zu ungeahnten Vollkommenheiten bringen. So zeigt er ein Phänomen auf, welches im Thierreiche unbekannt ist, die Perfectibilität. Kraft dieser giebt es ein Fortschreiten von Generation zu Generation, es giebt eine Geschichte des Menschengeschlechts, während die Thierwelt nur eine Reihe von Geschlechtern darstellt, die mit jeder Generation wieder von vorn anfangen müssen. Die Thiergeschlechter haben keine Geschichte und hinterlassen kein Erbthum.

§ 4.

Das Bewusstsein des Menschen ist die einzige unbestreitbare Basis unsres Wissens. Cogito ergo sum.

§ 5.

Die Bewusstseins-Erscheinungen folgen bei allen Menschen denselben Grundgesetzen, was jedoch individuelle, namentlich quantitative Unterschiede nicht ausschliesst.

§ 6.

Die für den Menschenverstand unbegreifliche Verbindung zwischen Bewusstseins-Erscheinungen und dem räumlichen Dasein des Körpers bedingen eine gewisse Abhängigkeit beider voneinander und wenn wir statt Bewusstsein „Seele" sagen, so lautet die Formel: das Seelenleben wirkt auf die körperlichen Functionen und umgekehrt.

§ 7.

Dass das Bewusstsein nicht im Raume lebt, keinen Raum für sich beansprucht, giebt wohl Jedermann zu und dennoch hat man zu wiederholten Malen die Frage nach dem „Sitz der Seele" aufgestellt. Falsch! Man darf höchstens nach dem Organe (Werkzeug) der Seele fragen.

§ 8.

Seit Jahrhunderten hat man das Gehirn als das Organ der Seele angesprochen. Es lohnt der Mühe einmal nachzufragen, welche Thatsachen man für diese Ansicht anführt.

§ 9.

Die gewöhnlichen Argumente (unmittelbares Gefühl beim Denken, Abspannung etc.) lassen wir bei Seite und kümmern uns nur um unzweifelhafte positive Erfahrungssätze.

§ 10.

Da giebt es eigentlich nur eine Thatsache, die wir hier gebrauchen können, das Verhalten der sensiblen und motorischen peripherischen Nerven nach ihrer Durchschneidung oder anderweitigen Zerstörung.

§ 11.

Wenn es feststeht, dass die peripherischen sensibeln und motorischen Nerven nach ihrer Durchschneidung dem Bewusstsein weder Stoff zuführen noch Aufträge von ihm erhalten, so ist damit erwiesen, dass der sogenannte Sitz des Bewusstseins nicht in ihnen enthalten ist, sondern an dem Orte, zu welchem jene die Reiz-

zustände zuführen und von welchem diese ihre Reizzustände em-
pfangen. Hiermit werden wir nothwendig auf das Gehirn gewiesen,
und weil das Gehirn mit Ausnahme der Rinde nur aus einer den
Nerven homogenen Substanz besteht, so musste die Rinde der Ort
sein, auf den man unter diesem Gesichtspunkte verfiel.

§ 12.

Könnte man die einzelnen peripherischen Nerven bis in die
Rinde verfolgen, resp. ihren Ursprung aus den Hauptbestandtheilen
der Rinde (den Ganglien) nachweisen, so wäre die ganze Frage
wenigstens ihrer anatomischen Lösung bedeutend näher gebracht.
Bekanntlich ist man von dieser anatomischen Lösung noch sehr
weit entfernt.

§ 13.

So lange man an dem Grundsatze der isolirten Leitung der
Nervenfasern festhält, und diesen wird man so leicht nicht aufgeben
können, so lange wird man auch voraussetzen müssen, dass jede
Nervenfaser central repräsentirt sein müsse. Hält man aber dem-
gegenüber die unangreifbare Einheit des Bewusstseins fest, so wird
man dazu gedrängt, die Hirnrinde in ihrer Function als Einheit zu
betrachten und sie als das psychische Organ anzusehen. Diese Ansicht wurde von Flourens, so viel ich weiss, zuerst ausgesprochen
und führt noch heute seinen Namen.

§ 14.

Seit den Untersuchungen von Hitzig und seinen zahlreichen
Nachfolgern hat man sich mehr und mehr daran gewöhnt, diese
Flourens'sche Einheit als antiquirt zu betrachten und an ihrer Stelle
eine Vielheit von Organen in der Rinde zu sehen. Ich kann es
nicht unternehmen, diese Anschauungen einer eingehenden Kritik
zu unterwerfen. So viel steht aber für mich fest, dass das Suchen
nach einem einheitlichen Organe für das einheitliche Bewusstsein
jetzt mehr berechtigt ist als jemals.

1*

§ 15.

Historisch mag bemerkt werden, dass der grösste Hirnkenner
seiner Zeit, Sömmering, bei seinen Untersuchungen über das Organ
der Seele sich direct aus dem Gehirne herausgedrängt fand und
seine Zuflucht zur Cerebrospinalflüssigkeit nehmen musste, und dass
der grösste Denker seiner Zeit, Kant, dem Sömmering'schen Ge-
dankengange beipflichtete.

§ 16.

Es wäre für das Studium der Seelenerscheinungen, gleichviel
ob der normalen oder der pathologischen, sehr traurig, wenn wir
die Entscheidung der in den vorigen §§ berührten Verhältnisse erst
abwarten müssten. Selbst wenn es gelänge, ein den Seelenvor-
gängen adäquates anatomisches Substrat zu entdecken, so wäre
dadurch die Kluft zwischen psychischen Erscheinungen und den
sonst bekannten Functionen des Nervensystems nicht überbrückt.
Warum denn nicht einfach eingestehen, dass wir uns hier an
einem der Grenzpunkte menschlichen Wissens befinden, den zu
überschreiten uns versagt ist. Es ist doch jedenfalls resultatreicher,
seine Arbeit auf die Punkte zu richten, die innerhalb dieser Grenz-
linie liegen.

§ 17.

Es giebt noch zwei Hülfsquellen, aus denen für die Entscheidung unsrer Frage vielleicht Vortheile sich ergeben. Die eine ist
die vergleichende Anatomie, die andre die pathologische Anatomie.

§ 18.

Man hat zunächst gefragt, ob die Entwicklung des Gehirns
in der Thierreihe parallel geht mit der Entwicklung des Seelenlebens. Bei Beantwortung dieser Frage muss man sich zunächst
klar machen, 1) dass wir von der psychischen Qualität der Thiere
nur sehr dunkle und sehr inadäquate Vorstellungen besitzen, so
dass wir kaum eine Stufenleiter für die psychische Entwicklung
der Thierspecies klarlegen können. Es würde uns selbst schwer
werden, auch nur im Allgemeinen festzustellen, dass beispielsweise

die Säugethiere einen bedeutend höheren Rang in Bezug auf Entfaltung psychischer Kräfte einnehmen als die Vögel, obwohl die Entwicklung des Säugethier-Gehirns entschieden einen höheren Standpunkt einnimmt, als dies bei den Vögeln der Fall ist. Die Hineinbeziehung der Leistungen des Instincts ist hier ganz unzulässig, ganz davon abgesehen, dass die künstlichsten Producte des Instincts bei den Insekten zu finden sind, die kaum ein Rudiment des Gehirns besitzen. Es ist aber auch 2) nicht zu vergessen, dass Differenzen zwischen menschlichem und Affengehirn allerdings vorhanden sind, dass aber diese Differenzen in gar keinem Verhältnisse stehen zu den riesigen und gradezu incommensurabeln Differenzen zwischen dem Seelenvermögen beider Klassen von Geschöpfen und dass daher die Annahme, die Entwicklung der Seelenleistungen sei abhängig von dem Baue des Gehirns, in der vergleichenden Anatomie nicht die geringste Stütze findet. Dasselbe lässt sich erweisen, wenn man das Gewicht des Gehirns in seinem Verhältnisse zum Körpergewicht als Basis der Untersuchung betrachtet. Auf diesem Wege kommt nichts heraus.

§ 19.

Es bleibt also noch die pathologische Anatomie. Von ihr hätte man den meisten Aufschluss erwarten sollen, um so mehr, als seit einer Reihe von Jahren den localen Hirnerkrankungen grosse Aufmerksamkeit und Fleiss zugewandt worden ist. Je mehr man aber forscht und je grössere Fortschritte man in der localen Diagnose der Hirnerkrankungen macht, desto begrenzter wird die Ausbeute für die Psychologie. Einen Punkt des Gehirns, dessen Erkrankung mit gesetzlicher Nothwendigkeit ein Mitleiden der Psyche im Gefolge hat, hat man bis jetzt nicht gefunden (von der Hirnrinde im folgenden §) und je genauer man das pathologische Hirn durchforscht, ohne solche Punkte zu finden, desto mehr muss man die Hoffnung aufgeben, dass die künftigen Resultate glücklicher sein werden. Wir verlangen aber von der pathologischen Anatomie noch mehr. Sie soll nicht blos nachweisen, dass den Seelenstörungen überhaupt die Erkrankung eines bestimmten Hirntheiles entspricht, sondern sie müsste auch, wenn sie die Grundfrage erklären wollte, für die so sehr verschiedenen Formen von Seelenstörungen, entweder verschiedene loca der Erkrankung oder wenigstens verschiedene Arten derselben nachweisen. Bekanntlich kann sie weder das Eine noch das Andere. Die einzige (scheinbare) Ausnahme von dieser Regel bietet die dementia paralytica dar. Diese hat eine pathologische Anatomie. Bei Besprechung dieser Krankheitsform werden wir ausführlich auf die anatomische Seite zurückkommen und dabei beweisen, wie unsicher die Schlüsse sind, welche aus den anatomischen Daten auf das Verständniss der Beziehungen der Seelenstörungen zu den Gehirnerkrankungen gezogen werden können.

§ 20.

Aus dem Vorgehenden schliesse ich, dass die Redensarten, die Geisteskrankheiten sind Gehirnkrankheiten, oder gar noch specieller, sie sind Krankheiten des Vorderhirns, eben nur Redensarten sind, welche dadurch nicht an Kraft gewinnen, dass Einer sie dem Andern nachschreibt. Beweise, die auf dem Boden der Beobachtung der Thatsachen oder der Induction aus solchen entsprungen wären, giebt es nicht.

§ 21.

Glücklicherweise kann das empirische (naturwissenschaftliche) Studium der Seelenstörungen fortschreiten, ohne dass die bisher (§ 16—20) berührten Fragen endgültig entschieden werden. Man studire die abnormen Seelenerscheinungen vorurtheilsfrei und man wird in ihrer Erkenntniss ebenso weit fortschreiten, wie man in Bezug auf die somatischen Krankheiten fortgeschritten ist und noch fortschreitet. Das Höchste, was man von der Wissenschaft verlangen kann, ist, dass man die Erscheinungen erklären kann.

§ 22.

Eine pathologische Erscheinung erklären, heisst vernünftig genommen nichts Anderes, als sie auf die normalen Erscheinungen zurückführen, vorausgesetzt, dass diese bekannt sind; mit andern

Worten, jede pathologische Forschung setzt physiologische Kenntniss voraus. Wissenschaftlich ist diejenige Pathologie, welche bestrebt ist, das pathologische Wissen auf die Physiologie zurückzuführen.

§ 23.

Die Physiologie der Seelenerscheinungen heisst Psychologie. Die Pathologie der Seelenerscheinungen kann keine andere Basis haben als die Psychologie.

§ 24.

Die der jetzigen Zeit- resp. Moderichtnng nach einer andern Basis (der Anatomie und Physiologie des Gehirns) entsprechende Literatur lässt die Psychiatrie nur sehr langsam oder gar nicht vorwärts kommen und sind wir, was unsre Kenntniss betrifft, nicht viel über das Alterthum hinausgekommen.

§ 25.

Eine allgemein gültige Psychologie giebt es bekanntlich nicht. Wenn sie existirte, so wäre es immer noch fraglich, ob ihre Lehre derartig wäre, dass sie der Pathologie zu Grunde gelegt werden könnte. Wer Pathologie treiben will, muss sich seine Psychologie selbst zurechtlegen. Diese muss derartig beschaffen sein, dass sie von den unendlich verschiedenen Leistungen des menschlichen Seelenlebens diejenigen hervorhebt und so weit wie möglich analysirt, welche erfahrungsgemäss den pathologischen Schwankungen unterliegen.

§ 26.

Das menschliche Seelenleben entwickelt sich in seinen feinsten Anfängen an und gegenüber der Aussenwelt, welche auch für alle späteren Zeiten dem Bewusstsein die belangreichste Nahrung liefert. Der Verkehr der Psyche mit der Aussenwelt muss demgemäss den ersten Punkt unsrer Untersuchung bilden.

§ 27.

Unser Bewusstsein verkehrt mit der Aussenwelt durch unsre Sinnesorgane, doch so, dass nicht die Aussenwelt direkt, sondern nur die Veränderungen, welche sie in unsern Sinnesorganen erzeugt, in unser Bewusstsein gelangen. Zu dem Bewusstsein einer Aussenwelt kommen wir erst durch eine Reihe von Schlüssen welche möglicherweise irrig sein können.

§ 28.

Wenn ein Sinnesvorgang einen Bewusstseinsact hervorruft, so muss eine totale, uns absolut unfassliche Umwandlung mit ihm stattgefunden haben. Diese unfassliche Umwandlung wollen wir mit dem unverfänglichen Ausdruck „Metamorphose" bezeichnen.

§ 29.

Diese Metamorphose ist zunächst quantitativer Abänderungen fähig.

§ 30.

Die Metamorphose kann sich stärker geltend machen, als mit der ruhigen Fortentwickelung des Seelenlebens verträglich ist. (Hypermetamorphose.)

§ 31.

Wer mit seinen Sinneswahrnehmungen nicht psychisch weiter fort arbeitet, wer aus ihnen (dem Speciellen) nicht das Wesentliche vom Vorübergehenden sondert (abstrahirt), zu Begriffen (dem Allgemeinen) aufsteigt, der schreitet geistig nicht vor (Mensch), sondern bleibt auf dem Standpunkte des Thieres stehen, welches auch das Specielle wahrnimmt, ohne der Abstraction fähig zu sein.

§ 32.

Dieser Zustand äussert sich zuweilen schon im Kindesalter und erscheint dann immer bedenklich. Er verräth sich durch Flatterhaftigkeit, Abneigung bei irgend einem Objecte längere Zeit zu verweilen, fortwährendes Aufsuchen von neuen Gegenständen, daher Nichtachtung (Zerstörung) des Spielzeugs und Schwierigkeit bei den ersten Lernversuchen. Dieser bei Kindern so häufige Zustand würde traurige Folgen haben, wenn nicht der Einfluss der Schule und später der des Lebens dieser Zerfahrenheit meistens einen wirksamen Damm entgegenzusetzen, so berufen als befähigt wäre. Es giebt aber auch Individuen, welche den Stempel der Hypermetamorphose ihr Leben lang beibehalten und dann weder im Familienleben noch in der bürgerlichen Gesellschaft etwas Tüchtiges leisten. Dahin gehören u. A. diejenigen jungen Leute, die ohne bestimmtes consequentes Festhalten an einem Ziele von Beruf zu Beruf eilen, heute Landwirthe, morgen Maler, übermorgen Soldat, dann wieder Bureaubeamte werden und schliesslich in keinem Fache etwas Ordentliches leisten, bis sie bürgerlich zu Grunde gegangen sind.

§ 33.

Dergleichen Zustände pflegt man im Allgemeinen als immer noch innerhalb der Gesundsbreite liegend (ob mit Recht?) zu betrachten. Sie können aber auch sich unter Umständen zu einer Höhe entwickeln, die ihnen eine unzweifelhafte Stellung in der Pathologie anweisen.

§ 34.

Hier ist noch nicht von den complicirten Seelenkrankheiten die Rede, in welche die Hypermetamorphose als Bestandtheil eingeht, wohl aber will ich hier auf einen Punkt eingehen, für den ich vielleicht anderweit eine Gelegenheit zur Besprechung nicht finden dürfte.

§ 35.

Wie man auch über das Gewissen denken möge, in einem Punkte werden wohl Alle übereinstimmen, dass das Zusammenleben in der bürgerlichen Gesellschaft (der Vorzug des Menschen vor dem Thiere) unmöglich sein würde, wenn Jeder thun wollte, was ihm gefällt, wenn nicht die Vorstellung fremden Rechts, welches respectirt werden muss, und damit dem Individuum klar würde, dass es um des fremden Rechtes willen einen Theil seiner eignen Rechte aufopfern müsse. So bildet sich zunächst eine gesellschaftliche Moral und mit dem Bewusstsein, dass diese Gesetz sei, eine Vorstellung, ein Gedanke, welcher an die Innehaltung dieses Gesetzes so oft erinnert, als das Individuum aus irgend welchen Gründen die Neigung fühlt, dies Gesetz zu verletzen. (Gewissen.) Gewissen setzt Entwicklung der Intelligenz voraus und wird so zur Moral.

§ 36.

Insofern das Gewissen auf der Entwicklung der Intelligenz beruht (die Thiere haben kein Gewissen), wird es sich auch leicht begreifen lassen, wie bei gehinderter Entwicklung der Intelligenz auch die Entwicklung des Gewissens weniger fein, weniger kräftig, weniger wirkungsvoll sein wird. Damit soll nicht gesagt sein, dass das intellectuell höher entwickelte Individuum auch jedesmal das Gewissenhaftere sein wird, wohl aber, dass es mehr Mittel in der Hand hat, um der Gewissenhaftere zu werden, oder mit andern Worten, dass man an den intellectuell höher Stehenden auch grössere moralische Ansprüche machen darf. Dies wird auch bei Beurtheilung von unmoralischen (oder gesetzwidrigen) Handlungen allgemein anerkannt, indem der Richter in nachgewiesener Intelligenzschwäche oft genug einen mildernden Umstand anerkennen wird. Die verhältnissmässige Intelligenzschwäche eines Kindes unter 12 Jahren schliesst nach heutigem deutschen Rechte sogar jede Verantwortlichkeit aus.

§ 37.

Dem in § 32 angedeuteten Zustande möchte ich gern das Bürgerrecht in der Pathologie verschaffen und schlage zu seiner Bezeichnung den Namen „socialen Schwachsinn" vor. Das Beiwort „social" wähle ich, weil die Abnormitäten derartiger Individuen sich hauptsächlich in Beziehung auf die Societät, d. h. also in Beziehung auf die Handlungen äussern, während die Unterhaltung mit ihnen Fehler der Intelligenz (eine gewisse Beschränktheit natürlich ausgenommen, daher der Name „Schwachsinn) nicht erkennen lässt. Von der Art der Erkrankung lässt sich etwa folgendes abstrahirte Bild entwerfen.

§ 38.

Befallen wird vorwiegend das männliche Geschlecht. Unbändiger, unbotmässiger, unverträglicher Junge. Schwieriges Object für die häusliche Erziehung. Wird deshalb in Pension gegeben, aus welcher fortwährend Klagen einlaufen. Schule: häufiges Sitzenbleiben, loddrige Arbeiten, schlechte Conduiten. Gymnasium: kein Abiturientenexamen. Schwierigkeit in der Wahl des Berufes. Leistet bei keinem etwas und hält bei keinem aus. Dabei Sichmausigmachen, Wirthshäuser besuchen, frühzeitiges Rauchen, Aufsuchen von Gesellschaft, die social unter ihm steht, bei der es leichter ist, sich Geltung zu verschaffen. Frühzeitige Neigung, sich mit zweideutigen Frauenzimmern einzulassen. Dabei fortwährender Geldmangel bei steigendem Geldbedürfniss. Kleine Gesetzesübertretungen, Verwicklung mit der Polizei, Uebertretungen, selbst Diebstahl, Betrug u. s. w. Alle Versuche der Familie, das Individuum gesellschaftlich wieder zu heben, schlagen fehl. Das Wirthshausleben führt zum Trunk, der Trunk führt ins Gefängniss oder ins Hospital, oft genug entwickelt sich specifische Geisteskrankheit, frühzeitiger Untergang schliesst die Scene und die gequälte Familie athmet auf.

§ 39.

Die Hypermetamorphose verbindet sich klinisch mit verschiedenen andern Elementen. Davon kann aber jetzt noch nicht die Rede sein.

§ 40.

Betrachten wir jetzt eine zweite Abweichung der Metamorphose und zwar diejenige, bei welcher der Verkehr des Ichs mit der Aussenwelt unter das Niveau des normalen Menschen gesunken ist. (Ametamorphose.)

§ 41.

Hier findet im Gegensatze zur Hypermetamorphose Verlangsamung aller Operationen, namentlich gegenüber der Aussenwelt statt und die Folge ist, dass der Kranke in sein Inneres einkehrt und dort egoistisch arbeitet, ohne die Producte seines Grübelns am Massstabe der Aussenwelt zu corrigiren und zu beschränken. So ist der geeignete Grund und Boden für das Keimen von Wahnvorstellungen, d. h. von Vorstellungen gegeben, die nicht auf der Wirklichkeit basiren, vielmehr mit ihr im Widerspruche stehen, und sich desto mehr und desto fester im Bewusstsein einnisten, je weniger in Folge der Ametamorphose der Massstab der Wirklichkeit an sie angelegt wird.

§ 42.

Die Ametamorphose wird sich am leichtesten und am häufigsten dann einfinden, wenn irgend ein schwerer Druck auf das Gemüthsleben einwirkt oder als Hemmungsmoment in das normale Geistesleben eingreift, wobei es ganz gleichgiltig ist, ob jener Druck in den wirklichen Verhältnissen oder nur in der Einbildung existirt. Das Product wird immer dasselbe sein und sich nach aussen hin durch träumerische Abwesenheit des Kranken (sogenanntes Zerstreutsein), durch Mangel an Interesse für ein von Aussen dargebotenes Gespräch, durch auffallende Langsamkeit der Antworten und durch eine ängstliche Stimmung des Kranken verrathen.

§ 43.

Die ängstliche Stimmung, die sich bis zu allen Graden der Angst steigern kann, hat einen doppelten Ursprung. 1) Der Kranke hat noch genug geistige Selbstständigkeit, um zu fühlen, dass er krank sei, ohne sich Rechenschaft geben zu können, worin das Leiden bestehe. Dann entsteht jenes unnennbare Gefühl der Angst, über welche die Kranken klagen, ohne im Stande zu sein, irgend eine Ursache für den qualvollen Zustand anzugeben. 2) Noch häufiger ist der Fall, dass in Folge der ametamorphotischen Einkehr in sich selbst sich Wahnvorstellungen (§ 39) bilden, die, dem kranken Gefühlsleben entsprechend, stets einen unangenehmen, beunruhigenden Charakter annehmen. Wir möchten es hier als Gesetz aussprechen, dass wenn irgendwie ein pathologischer Zustand auf das Seelenleben einwirkt, die Wahrnehmung dieses Zustandes

stets unangenehm ist, und dass, wenn sich aus diesen Wahrnehmungen Vorstellungen bilden, diese stets einen niederdrückenden,
schmerzlichen, ängstigenden Inhalt haben werden. Die Ansicht,
dass es viele geistig Erkrankte mit heiterer Stimmung giebt, ist
sehr zu beschränken und hauptsächlich auf Blödsinnige zurückzuführen, deren Heiterkeit von der innerlichen, die ganze Seele
durchströmenden Heiterkeit des Gesunden himmelweit verschieden
ist. S. das Weitere bei Gelegenheit der Hallucinationen.

§ 44.

Der bisher beschriebene Zustand der Ametamorphose macht
sich meistens auch in der Willenssphäre geltend und hat zur Folge,
dass dem Kranken jede Zumuthung, die irgend eine Wahl, resp.
einen Entschluss fordert, verhasst wird, weil er überhaupt vor jeder,
auch der kleinsten geistigen, namentlich vor einer von aussen auf-
gedrängten, Operation eine ängstliche Scheu hat. Ihm ist am
wohlsten, wenn man ihn in Ruhe lässt und ihn weder mit Fragen
noch mit Aufforderungen quält. Man hat diesen Zustand auch
nach dieser Richtung hin isolirt aufgefasst und ihm den besonderen
Namen der Willenlosigkeit, Entschlusslosigkeit, Abulie gegeben.
Für uns ist er keine Krankheitsspecies, sondern ein Element, welches
verschiedene Verbindungen eingehen kann.

§ 45.

Der Druck und seine Folge, die Verlangsamung der Functionen, macht sich auch in der somatischen Sphäre geltend. Erwähnt wurde schon die Verlangsamung der Sprachfunction, welche
für diese Zustände charakteristisch ist. Eben dasselbe zeigt sich
auch in den vegetativen Functionen. Verlangsamung der Verdauung, daher Verdauungsstörungen, Druck in der Herzgrube,
Appetitmangel bis zum Abscheu vor Nahrungsmitteln (Nahrungs-
verweigerung), Stuhlverstopfung, die noch manchmal durch den
Willen gesteigert wird, geringe Circulation im peripherischen Ge-
fässsystem (Kälte und Cyanose der Hände und Füsse).

§ 46.

Was wir bisher als Ametamorphose geschildert haben, trifft grossentheils mit der Krankheitsform zusammen, welche seit den ältesten Zeiten unter dem Namen Melancholie zusammengefasst worden. Soll das Wort nichts weiter sagen, als dass der Kranke sich unter einem psychischen beängstigenden Drucke befindet, so mag der Name ja auch fernerhin bestehen, da es ja bei dem Krankheitsnamen lediglich darauf ankommt, den Inhalt möglichst bestimmt auszudrücken.

§ 47.

Bleiben wir vorläufig bei dem von uns aufgestellten Begriff „Melancholie" stehen, so wollen wir gleich hier bemerken, dass ein und dieselbe Krankheitsform doch äusserlich ganz verschieden in die Erscheinung tritt. Das Druckbild, welches wir (§ 40, 41, 42, 43) entworfen, ist das häufigste, aber es ist nicht das alleinige.

§ 48.

Es ist schon darauf hingewiesen worden, wie sich aus der Ametamorphose heraus das Gefühl der Angst entwickelt, und dieses kann derartig anwachsen, dass das Bild der Krankheit nach aussen hin nicht die beschriebenen Druckerscheinungen darbietet, sondern die grösste Unruhe und Aufregung zu Tage treten lässt. Solche Kranke, obwohl innerlich den bisher geschilderten Zustand darbietend, sind äusserlich unruhig, laufen hin und her, suchen sich durch Geschrei und Zerstörungshandlungen, die auch gegen Personen gerichtet sein können, Luft zu machen und können in extremen Fällen bis zum Selbstmordversuche gedrängt werden. Diesen Zustand benennt man (im Gegensatze zu der oben geschilderten Melancholia simplex, die man in ihren höchsten Graden M. attonita bezeichnet) als M. activa oder M. agitata.

§ 49.

Sollen wir hier die Gelegenheit ergreifen, um uns über Dasjenige zu äussern, was erfahrungsgemäss als ursächliches Moment aufzufassen ist, so müssen wir auf alle Momente hinweisen, welche geeignet sind, die körperlichen Functionen herabzusetzen, also zunächst Mangel an Nahrungsmitteln oder, was gleichbedeutend ist, zu geringe Qualität derselben, Mangel an frischer Luft und an Bewegung in derselben, übermässige Anstrengung, nächtliches Arbeiten, sonstige Krankheiten (Bleichsucht, beginnende Tuberkulose, Blutverluste bei der Geburt, zu langes Stillen), Hämorrhagieen aller Art u. s. w. Kommt dazu noch seelischer Kummer, Sorgen, dunkler Blick in die Zukunft, so ist der geeignete Boden für den Ausbruch der Melancholie gegeben. Ich möchte hier auf 2 Punkte aufmerksam machen. Erstens sei man bei Erforschung der Ursachen eingedenk, dass kaum je eine einzige Ursache zum Entstehen der Krankheit hinreicht, sondern meistens das Zusammentreffen mehrerer und die längere Einwirkung derselben erforderlich ist, wonach denn die statistischen Tabellen, welche die Ursachen einzeln aufführen (beispielsweise: Nahrungssorgen, Kummer, unglückliche Liebe und was dergl. mehr ist), keinen Werth haben, weil sie eben etwas auszudrücken versuchen, was in der Natur sich nicht so ziffermässig verhält. Und zweitens möchte ich davor warnen, die psychischen Zustände in ihrer Einwirkung als Ursachen nicht zu überschätzen. Kummer und Sorgen (und seien die letzteren auch nur eingebildete) kann auch eine reiche junge Dame haben, aber so lange, als die Summe aller hygienischen Verhältnisse eine günstige ist, wird sie so leicht nicht in Melancholie verfallen. Etwas Analoges zeigt sich auch in den Gefangen-Anstalten, besonders in denen mit durchgeführter Isolirhaft. Eine ungünstigere psychische Situation kann nicht gedacht werden, auch zeigt wirklich die Erfahrung, dass dort psychische Affectionen in einem grösseren Procentsatze erscheinen als bei der freien Bevölkerung. Aber sie lehrt auch, dass die Melancholie verhältnissmässig schwach vertreten ist, und wir glauben einen plausiblen Grund darin zu finden, dass trotz des reichlichen Vorhandenseins einer Fülle von niederdrückenden psychischen Momenten im Gefängnissleben die peinliche Fürsorge für die Hygiene im weitesten Sinne des Wortes diesen in Bezug auf die Entstehung der Melancholie ein wohlthätiges Gegengewicht entgegenstellt.

Hier bietet sich mir auch zum ersten Male die Gelegenheit, mich über die Frage der Erblichkeit oder vielmehr der „vererbten Anlage" zu sprechen. Denn der medicinische Begriff der Erblichkeit ist strikte nicht anwendbar. Er würde streng genommen nur einen Zustand der Vorfahren bezeichnen, nicht eine Eigenschaft des angeblichen Erben oder gar eine Qualität der Krankheit. Der Krankheit kann man nicht anmerken, ob die Anlage dazu von einem Vorfahren übertragen ist oder nicht. Die jetzt gang und gäben Ansichten stützen sich auf die Statistik und werden sich wohl immer darauf stützen müssen. Alle bisherigen derartigen Versuche sind ganz werthlos, weil sie ohne Princip angestellt sind. Nach den bisherigen Arbeiten ist stets nur so gearbeitet worden, dass man in Bezug auf eine gewisse Anzahl Kranken untersucht hat, wie viele unter ihnen geisteskranke Eltern resp. Grosseltern haben, und um blendende Resultate zu erzielen, hat man die Seitenverwandten einbezogen, was grundfalsch ist, weil man von denen zwar unter Umständen Geld, aber niemals etwas von der Constitution erben kann. Auch das war noch nicht genug. Fand man in der Ascendenz und in der fälschlich herbeigezogenen Seitenlinie keine Psychose, so nahm man mit einer Nervosität, einem barocken Wesen, einem Selbstmorde, einer Epilepsie, einem Veitstanze vorlieb. Und das wagt man Statistik zu nennen.

Wollte man auf diesem Wege zu etwas kommen und ein ehrlicher Mann·bleiben, so müsste man den umgekehrten, praktisch allerdings unmöglichen Weg einschlagen. Nicht die Erben müsste man in Bezug auf ihre Krankheitsentstehung prüfen. Die Untersuchung müsste von den angeblichen Vererbern ausgehen und fragen, wie viele Nachkommen von Geisteskranken in Geisteskrankheit verfallen, müsste von diesen diejenigen abziehen, deren Krankheitsentstehung auch ohne Annahme der Erblichkeit verständlich wäre, und dem Reste dann die Zahl der nicht psychisch Erkrankten gegenüberstellen, dann könnte etwas herauskommen. Ich halte diese Art der Lösung für die einzig richtige, aber leider nicht ausführbare. Und wenn sie es wäre, so vergesse man nie, dass das Resultat derselben immer noch kein Naturereigniss, sondern ein Rechenexempel wäre, welches im glücklichsten Falle einen gewissen Grad von Wahrscheinlichkeit, niemals aber die Wahrheit erreicht oder erreichen kann.

§ 50.

Was den Verlauf und die Aussichten auf Heilung betrifft, so sind die letzteren im Ganzen als relativ günstig zu bezeichnen, wenn der Fall ein einfacher ist und die Heilung nicht durch gleichzeitige unheilbare Körperleiden (Krebs, Lungentuberkulose etc.) unmöglich gemacht wird. Werden die Kranken so bald wie möglich in günstige hygienische Verhältnisse (Irrenanstalt) versetzt, so kann man im Allgemeinen auch bei schweren Krankheitserscheinungen eine günstige Prognose stellen. Auch gelingt die Heilung meist im Verlaufe von einigen Monaten und hat gewöhnlich dann Bestand, wenn es möglich ist, den Kranken in günstigere Verhältnisse zurückzuführen, als diejenigen waren, unter denen die Erkrankung erfolgte. Beiläufig gesagt, thut sich hier ein schönes und wirksames Feld für die Thätigkeit der immer mehr bekannt werdenden Irrenhilfsvereine auf, welche sich zur Aufgabe stellen, die aus den Anstalten entlassenen Kranken in ihrer Heimath durch Geldspenden und sonstwie mit Rath und That zu unterstützen und sie auf diese Weise wenigstens vor den schlimmeren Formen der Noth, des Kummers und der Ueberanstrengung zu schützen.

§ 51.

Eine specifische antimelancholische Behandlung giebt es natürlich nicht. Der Arzt wird wohl daran thun, sein Hauptaugenmerk auf die vegetativen Verrichtungen zu verwenden. Geringer Appetit und geringe Nahrungsaufnahme erfordern die entsprechenden Mittel, unter denen ich vorzugsweise die Tinctura Rhei vinosa, und wenn, wie gewöhnlich, chronische Stuhlverstopfung vorhanden ist, die Verbindung von Aloë und Asa foetida empfehle. Diese Mittel müssen durch passende und gut zubereitete Nahrungsmittel unterstützt werden, wobei sich mir der Glaube aufgedrängt hat, dass die Melancholie in den Privat-Anstalten leichter geheilt werde, als in den öffentlichen Anstalten, weil bei jenen auf die Verpflegung eine Aufmerksamkeit und Sorgfalt verwandt werden kann, wie sie in einer auf Hunderte von Kranken berechneten und von der unumgänglichen Sparsamkeit eingeengten öffentlichen Anstalt nicht gewährt werden kann.

§ 52.

In Betreff der ärztlichen Behandlung der Melancholie seien noch besonders die lauwarmen Bäder (bei geeigneter Fürsorge für Kühlhaltung des Kopfes) anempfohlen, von denen man freilich erst Wirkung erwarten darf, wenn sie wochenlang fortgesetzt werden. Ein zweites von der Neuzeit gebotenes Mittel ist die vorsichtige Anwendung des Amylnitrits als Heilmittel. Es wird von ihm gerühmt, dass es während der kurzen Dauer seiner Anwendung (eine längere Andauer ist gefährlich) die Physiognomie der Kranken aufhellt, schweigsame Kranke zum Sprechen bringt etc. Ich kann nicht von eigener Erfahrung auf diesem Gebiete sprechen, weil ich nur wenige, in ihren Resultaten gerade nicht ermunternde Versuche gemacht habe, auch principiell gegen ein Mittel bei der Melancholie eingenommen bin, was so schnell starken Blutandrang nach dem Kopfe hervorbringt. Doch will ich auch etwaigen ferneren Forschungen nicht präjudiciren.

§ 53.

Es gab auch eine Zeit, in welcher das Opium in steigender Gabe (bis zu gr. 0,50 täglich) als specifisches Mittel gegen Melancholie gerühmt wurde (Engelken). Es ist allmälig stille davon geworden. Ich selbst habe das Mittel wiederholt angewendet, kann aber nur constatiren, dass die Kranken sich sehr leicht an die grossen Dosen gewöhnen, dass man keine auffallenden Symptome (nicht einmal eine nennenswerthe Stuhlverstopfung) beobachtet, dass aber in manchen geheilten Fällen die Opiophagie für den Rest des Lebens fortdauert, was doch gewiss bedenklich ist.

§ 54.

Dass die Angst der Melancholischen zum Selbstmorde führen kann, ist schon oben erwähnt. Hier sei hinzugefügt, dass je nach der Gedankenrichtung an die Stelle des Selbstmordes auch der Mord nahestehender, besonders geliebter Personen, Kinder etc., hervorgehen kann. Das Motiv solcher Thaten ist die Angst, dass die Kinder umkommen, verhungern, schlecht werden könnten, und daher der Tod für sie eine Wohlthat sei. In solchen Fällen wird der Gerichtsarzt seine Untersuchung hauptsächlich auf den Nachweis einer vorangegangenen Krankheit und auf die Motive, was auch einzelne Juristen dagegen sagen mögen, richten müssen, dabei aber nicht ausser Acht lassen, was schon Platner wusste und lehrte, dass die melancholische Angst, welche zur That trieb, oft nach der That bald verschwindet, gewissermassen durch die gewaltsame Explosion mit hinweggenommen wird und dass der später untersuchende Arzt eine geordnete Intelligenz vorfindet. Wer schwach genug ist, sich davon blenden zu lassen, wird besser thun, sich von derartigen Untersuchungen fern zu halten.

§ 55.

In Betreff der Frage, ob die pathologische Anatomie für das Verständniss der Melancholie etwas Aufklärendes geleistet habe, sei zuvörderst daran erinnert, dass der Mensch an der Seelenstörung an sich überhaupt nicht stirbt, sondern an körperlichen Zuständen, welche die Seelenstörung hervorgebracht haben, oder im Verlaufe derselben mehr zufällig hinzugetreten sind, beispielsweise Tuberkulose, Decubitus etc. Was die Ersteren betrifft, so haben wir zwar schon auf die Unterleibsorgane, als die wichtigste Brutstätte melancholischer Zustände hingewiesen, ohne ein bestimmtes Organ oder eine bestimmte Form der Organerkrankung speciell bezeichnen zu können. Der Begriff der Plethora abdominalis, welcher den älteren Praktikern so geläufig war, ist nicht mehr landesüblich, wobei man jedoch nicht bedenkt, dass eine Beobachtung an sich richtig und die Erklärung derselben, sowie der Taufname falsch

2*

sein kann. Bemerkenswerth und wahrscheinlich mit der eben erwähnten Verlangsamung des Stuhles zusammenhängend ist eine von
älteren Schriftstellern erwähnte Beobachtung, wonach bei Melan-
cholikern nicht selten eine Lageveränderung des Dickdarmes vorkommen soll, welche darin besteht, dass der quere Dickdarm nicht
horizontal und der absteigende nicht senkrecht herabgeht, sondern
von der rechten Körperseite aus schräg nach links und unten verläuft.
Doch sind mir dies bestätigende Beobachtungen nicht bekannt.

§ 56.

Wir haben uns in den §§ 27 u. f. mit den Beziehungen des
Bewusstseins zur Aussenwelt beschäftigt und dabei von der Metamorphose und deren quantitativen Abweichungen gesprochen. Wir
haben dies Thema noch nach einer anderen Richtung hin zu verfolgen.

§ 57.

Bei dem Verkehre zwischen dem Bewusstsein und der Aussenwelt, d. h. mit der Thätigkeit der Sinnesorgane bleibt im Bewusstsein etwas haften. Der Umstand, dass etwas haften bleibt (Gedanke) und dass dieses Bleibende, auch wenn es durch vieles Andere, darauf Folgende verdunkelt wird, sowohl wieder auftauchen,
als auch willkürlich hervorgerufen werden kann, nennt man das
Gedächtniss und versteht darunter 1) die Summe der vorhandenen
Vorstellungen und 2) die Fähigkeit des Hervorrufens derselben
(Reproductionsvermögen). Wir werden zunächst, wenn vom ∙Ge-
dächtniss die Rede ist, das Wort nur in ersterem Sinne brauchen.

§ 58.

Betrachten wir den Inhalt des Gedächtnisses, so treten uns
folgende Betrachtungen entgegen: 1) Die Bewusstseinsakte knüpfen
sich unmittelbar an die Thätigkeit der Sinnesorgane an. Sie sind
Empfindungen und werden als solche sofort auf die Aussenwelt
bezogen, d. h. sie erwecken die Vorstellung, dass es eine Aussenwelt (Objecte) giebt. Da diese Art von Vorstellungen das un-

mittelbare Product der Metamorphose sind, so wollen wir sie zum zukünftigen Gebrauche mit dem Buchstaben M. bezeichnen.

§ 59.

Dieselben Vorstellungen können aber auch aus dem Gedächtnisse hervorgeholt werden und sollen diese der Kürze wegen mit dem Buchstaben G. bezeichnet werden.

§ 60.

Die Gedanken besitzen aber noch eine vorläufig nicht zu erklärende Eigenthümlichkeit, insofern sie dem Individuum als angenehm oder unangenehm sich aufdrängen, woraus denn weiter hervorgeht, dass sie dem Individuum als wünschenswerth oder fliehenswerth erscheinen. Sowie das Individuum sich über diesen Unterschied klar wird, so wird, was bisher nur Gedanke war, zum Wunsche, gleichviel, ob positiv oder negativ. Gedanken, insofern sie angenehm oder unangenehm sind, wollen wir von jetzt ab als Wünsche und mit dem Buchstaben W. bezeichnen.

§ 61.

Es liegt klar zu Tage, dass eine gedeihliche geistige Entwickelung nur stattfinden könne, wenn der Mensch diese 3 Richtungen (§§ 58, 59, 60) genau von einander unterscheiden kann. Denn kann er dies nicht, kann er nicht unterscheiden, ob ein Gedanke, eine Vorstellung, eben nur Gedanke ist, oder ob er die Folge sich dem Sinnesorgane gerade darbietendes Object der Aussenwelt ist; kann er ferner nicht unterscheiden, ob es sich nur um eine Vorstellung oder um einen Wunsch handelt, so wird sein Bewusstsein der Schauplatz der grössten und gröbsten Verwechselungen werden müssen und statt Wahrheit wird Irrthum der herrschende Grundzug des Bewusstseinslebens werden.

§ 62.

Der Normalmensch besitzt nun unzweifelhaft die Fähigkeit der Unterscheidung der im § 58—60 besprochenen drei Richtungen.

Wir wollen diese Fähigkeit, die schwer zu analysiren ist, mit dem unverfänglichen Worte „Kritik" bezeichnen.

§ 63.

Fragen wir uns jetzt, welche Zustände sich entwickeln müssen, wenn die Kritik in ihren Functionen gestört wird, und setzen wir zunächst den Fall, dass die Verwechselung darin besteht, dass ein Gedanke für eine Sinneswahrnehmung gehalten wird (also nach unserer Anschauungsweise G. mit M. verwechselt wird).

§ 64.

Dieser Zustand, von dem wir das physiologische Vorbild tagtäglich im Traume erleben, erhält, wenn er im wachen Zustande vorkommt, den Namen der Hallucination, die verschieden ist, je nachdem der Gedanke auf dieses oder jenes Sinnesorgan übertragen wird.

§ 65.

Es würde zu weit und schliesslich zu nichts führen, wollten wir uns hier auf eine Kritik der überreichen Hallucinations-Literatur einlassen. Wir beschränken uns darauf, einiges Thatsächliche anzuführen und Jedem das weitere Nachdenken zu überlassen.

§ 66.

Thatsache ist es, dass die Sinnesorgane eine sehr untergeordnete Rolle bei diesem Vorgange spielen. Es steht fest, dass Hallucinationen des Gesichts und Gehörs bei Personen vorkommen, deren betreffendes Sinnesorgan ausser Dienst gestellt ist, also bei Blinden und Tauben. Natürlich dürfen diese Leiden nicht angeboren, sondern erworben sein. Denn wer blind oder taub geboren ist, hat natürlich keine Vorstellungen von Licht- resp. Ton-Erscheinungen, und wenn er diese nicht hat, so kann er sie natürlich nicht mit den entsprechenden, ihm gänzlich unbekannten Sinneswahrnehmungen verwechseln. Sind aber die gedachten Leiden erst später entstanden, so hat es auch eine Zeit gegeben, in welcher die entsprechenden Wahrnehmungen resp. die aus diesen hervor-

gegangenen Vorstellungen dem Gedächtniss einverleibt sind und folgerichtig wieder auftauchen und mit den aus früherer Zeit bekannten
Sinneswahrnehmungen verwechselt werden können. Der Taub-
gewordene, der keine von aussen kommenden akustischen Wahrnehmungen mehr machen kann, ist deswegen im Zustande der
Hallucination noch recht gut im Stande, zu behaupten, er höre
eine Stimme; der Blindgewordene, der noch eine Menge Licht-
empfindungen im Gedächtniss besitzt, kann behaupten, dass er dies
oder jenes sähe u. s. w.

§ 67.

Da die Hallucination in ihrem Grundwesen auf einem Irrthum
beruht, so ist sie unzweifelhaft ein psychischer Vorgang, der natürlich auch nur auf psychischem Wege erklärt, d. h. auf analoge
psychische Zustände zurückgeführt werden kann (Traum).

§ 68.

Ich lege auf diese Auffassung um so mehr Gewicht, als alle
Versuche, Cerebralzustände oder Zustände der Sinnesorgane zur
Erklärung heranzuziehen, nur theoretischer (d. h. erträumter) Natur
sind und noch nie und nirgends eine naturhistorische Thatsache,
welche die Stelle einer Erklärung vertreten könnte, angeführt worden ist oder angeführt werden kann. Irgend eine anatomische
Localisation ist mit nichts zu begründen und uns in der Psychiatrie
statt der Thatsachen mit Behauptungen oder Träumen abfinden zu
lassen, wird uns wahrlich nicht vorwärts bringen. Es gehört jetzt
zur Mode, mit Achselzucken und Geringschätzung auf die „Medicin
der Naturphilosophen" herabzusehen, und doch ist unsere Zeit nur
allzu geneigt, das Theorem dem Empirismus entgegenzustellen und
sich da mit luftigen Gedanken herumzuschlagen, wo man am
ehesten trockene, aber unangreifbare Thatsachen zu fordern berechtigt wäre.

§ 69.

Der Begriff der Hallucination ist von mir so scharf gezeichnet
(der Erste, der dies gethan hat, ist meines Wissens Esquirol ge-

wesen) dass über denselben weiter nichts gestritten werden kann. Es ist aber jetzt Mode geworden, verwandte, ähnliche, aber nicht gleiche Zustände, unter diesen Namen zu subsummiren, wodurch natürlicherweise der scharfe Begriff verwaschen wird. Auch hat man von Pseudohallucinationen gesprochen. Ich lasse überhaupt den Vorsatz „Pseudo" in der Medicin nicht gelten. Ein Vorkommniss, welches überhaupt unter den Begriff „Hallucination" fällt, ist eben eine Hallucination, und wenn sie nicht stricte darunter fällt, so ist es eben keine Hallucination. Das Wort „Pseudo" drückt überhaupt nicht eine bestimmte Sache, sondern nur eine Unzulänglichkeit unsrer Einsicht aus, eine subjective Schwierigkeit in der Diagnose; zur Verschärfung unsres Wissens trägt sie nicht bei. Mir fällt dabei immer das Wort eines meiner Lehrer (der seiner Zeit ein berühmter Praktiker war) ein, welcher bei Gelegenheit der intermittens larvata mit Emphase auszurufen pflegte: „die Natur kennt keine larvirten Krankheiten, sie ist ewig wahr, nur der Arzt trägt die Maske!"

§ 70.

Es bietet sich jetzt die Frage dar: an welchen Zeichen erkennt man das Vorhandensein der Hallucinationen? In vielen Fällen ist die Diagnose sehr leicht. Wenn ein Kranker, nur von solchen ist die Rede, mit der Behauptung hervortritt, dass er Stimmen höre, welche von der Decke, aus dem Fussboden, vom Fenster oder der Thüre her ihren Ursprung haben, und ihm bestimmte Worte und Redensarten zurufen und wenn diese Täuschung so lebhaft und überzeugend ist, dass alle Vernunftgründe dagegen abgleiten, so hallucinirt der Kranke. (Gehörshallucination.) Wenn ein Kranker (delirium tremens) behauptet, dass er in der glatten Mauer eine Thür sehe, die in die Schenke führt, oder dass in der leeren Ecke des Zimmers ein Hund stehe, und diesem Hunde zuruft oder zupfeift, so hallucinirt der Kranke (Gesichtstäuschung). In beiden Fällen ist die Diagnose gemacht und es bliebe in manchem Falle nur noch die Frage übrig, auf die wir noch zurückkommen, ob die Erscheinungen etwa simulirt seien.

§ 71.

Da aber die Kranken nicht immer mit der Sprache so offen herausgehen, so frägt es sich, ob es nicht Zeichen giebt, aus denen wir auch ohne directe Mittheilung des Kranken auf das Vorhandensein von Hallucinationen schliessen können? Dergleichen giebt es allerdings und das hängt so zusammen. Alle Hallucinationen üben, ohne dass wir die Ursache davon kennen, einen sarken Reiz auf das Gemüthsleben aus, so stark, dass Reactionen hervorgerufen werden. Diese können in Worten oder Handlungen bestehen. Sind es Worte, so gewährt das Ganze das Bild einer Interlocution, von der man nur den einen Interlocutor hört. Der Inhalt der stets in erregtem Tone gegebenen Antwort, die entweder nur aus hervorgestossenen Interjectionen (so! aha! nun ja! natürlich!) oder aus Schimpfworten (der Schuft!) oder selbst aus kurzen Sätzen (das habe ich mir ja gedacht! der Schurke soll mir nur kommen!) besteht, deutet immer darauf hin, dass der Kranke etwas Beunruhigendes, Beleidigendes, Drohendes gehört hat. Oder es sind Handlungen (Verstopfen der Ohren mit Baumwolle, Schmutz etc., Verrammeln der Thür, Versuche die Zelle allenfalls durch das eingeschlagene Fenster zu verlassen oder die Thür zu verbarrikadiren. Die Handlungen sind, wenn die Kranken sich nicht aussprechen, gleichfalls als Zeichen der Hallucination zu deuten. Eine Kranke, die während ihres Leidens die Stimme ihrer Enkelkinder zu hören glaubte, verweigerte die Nahrung, verlangte aber, dass das Essen in mehrere Portionen abgetheilt und aufbewahrt werde. In der Besserung theilte sie den Zusammenhang mit, der ohne diese Mittheilung schwer zu errathen gewesen wäre. Andre Zeichen von Gehörstäuschungen sind z. B. plötzliches Unterbrechen der Rede und schnelles erstauntes Hintersichblicken mit der Bewegung und Miene des Horchens, plötzlicher unmotivirter Stimmungswechsel, plötzliches meistens etwas wildes Auflachen oder auch heftiges Weinen u. s. w. u. s. w. Wo man diese Zeichen wahrnimmt, kann man Hallucinationen vermuthen und wird sich dann die Aufgabe stellen, durch weitere Beobachtung und durch vorsichtiges

Fragen die Vermuthung zur Gewissheit zu bringen, wobei man sich merken wolle, dass die Kranken grade in diesem Punkte sehr zurückhaltend sind.

§ 72.

Erfahrungsgemäss sind Gesichts- und Gehörstäuschungen die am häufigsten vorkommenden, was sich nach unsrer Auffassung dadurch erklärt, dass unser Bewusstseinsleben hauptsächlich in Gesichts- und Gehörsaffectionen (Sprache) arbeitet. Doch sind die andern Sinne gewiss auch der Schauplatz von Hallucinationen, obwohl ihr Vorhandensein sich nicht sicher erkennen lässt. Zwar beobachtet man nicht selten Kranke, die über unausstehliche, nicht näher charakterisirbare Gerüche oder darüber klagen, dass die Nahrungsmittel faulig oder nach Menschenfleisch schmecken, und die desshalb Vergiftungsversuche wittern oder die Annahme von Nahrungsmitteln hartnäckig verweigern. Wenn man aber bedenkt, wie ein leichter Katarrh Geschmack und Geruch verändert, so wird man in allen solchen Fällen in Zweifel sein, ob das psychische Phänomen nicht auf ein örtliches, möglicherweise auch nur nervöses Leiden zurückgeführt werden könnte, in welchem Falle es aus der Reihe der Hallucinationen ausscheiden würde.

§ 73.

Dieselbe Schwierigkeit, die sich bei der Beurtheilung der Hallucinationen des Geruchs- und Geschmackssinnes darbietet, findet sich auch bei Beantwortung der Frage: ob der Tastsinn den Schauplatz der Hallucinationen abgeben könne. Dass es Kranke giebt, welche ihre krankhaften Vorstellungen hallucinatorisch auf die Peripherie (die Haut) übertragen, ist nicht zu bezweifeln. Ich erinnere an die nicht ganz seltenen Erscheinungen, dass Kranke behaupten, von Ungeziefer heimgesucht zu werden, und für die der durch die Augen geführte Beweis vom Gegentheil nicht die geringste corrective Gewalt besitzt. Leider lässt sich in dergleichen Fällen nie mit Gewissheit entscheiden, ob hier nicht etwa ein auf der Haut localisirtes nervöses Leiden (analog dem Jucken an bestimmten

Hautstellen, Ameisenlaufen etc.) stattfindet, welches vom Bewusstsein wahrgenommen, also immerhin excentrischen Ursprunges ist, in welchem Falle unsre Auffassung von der Hallucination nicht zutreffend sein würde. Bei einer von mir beobachteten Kranken, welche alle von aussen kommenden Geräusche, welche zufällig als Kratzen oder Reiben erschienen und als solche von ihr wahrgenommen wurden, sofort glaubte, es würde an ihrem Körper gekratzt oder gerieben, könnte man wohl an Hallucination in unserm Sinne denken. Dergleichen Fälle scheinen aber entweder sehr selten oder der Beobachtung resp. Erwähnung nicht werth gefunden zu sein.

§ 74.

Hier mag auch von den sogenannten „physiologischen Hallucinationen" der Schriftsteller die Rede sein. Im strengen Sinne des Wortes giebt es keine physiologischen Hallucinationen. Diese letzteren sind stets ein sehr ernsthaftes Krankheitssymptom und können daher auf den Namen physiologisch keinen Anspruch machen. Wohl aber kann man fragen, ob es im gesunden Zustande des Menschen Erscheinungen giebt, welche ein Analogon für die Hallucinationen darbieten. Solche giebt es allerdings und hier ist vor Allem der Traum zu erwähnen. Denn im Traume erscheinen die Gedankenspiele als in der Sinnenwelt vorhanden. Man sieht und hört im Traume, man schmeckt und riecht und wird nicht irre gehen, wenn man gewisse Traumerscheinungen (Schwimmen, Fliegen, Schweben) als Hallucination im Bereiche der Hautsensibilität auffasst. In einem sehr wichtigen Punkte hört freilich die Analogie auf. Der Träumende schläft und der Hallucinant wacht. Wachen und Schlafen drücken aber die möglichst von einander entfernten Zustände des Bewusstseins aus, wodurch die Analogie zwischen Traum und Hallucination sehr viel von ihrem Werthe verliert.

§ 75.

Als physiologische Hallucination werden auch die sogenannten Integrationsgefühle der Amputirten angeführt, auf welche näher einzugehen wir uns hier veranlasst fühlen. Die Sache steht nämlich so. Unsre ganze Selbsterziehung gegenüber den sensibeln peripherischen Nerven besteht darin, dass wir die Reize, gleichviel ob sie das peripherische Ende oder den Nerven in seinem Verlaufe treffen, geistig auf das peripherische Ende und sogar über dasselbe hinaus in die Aussenwelt verlegen. Beispielsweise, wenn in Folge von Reiz- oder Lähmungsvorgängen im Bereiche des opticus Reiz- oder Lähmungserscheinungen entstehen, so sieht der Kranke Funken oder Scotomatra, welche er nicht im Auge, sondern in der Aussenwelt localisirt. Dies muss als physiologische Thatsache gelten. Auch sei an die bekannte Erscheinung des Druckes oder Stosses auf den Verlauf des ulnaris erinnert, bei welchem auch der blitzartige Schmerz nicht an der Druckstelle, sondern am peripherischen Ende empfunden wird. Dasselbe Verhältniss findet bei dem Amputirten statt; der, wenn Kälte auf den Stumpf wirkt, den hölzernen Stelzfuss sorgfältig zudeckt. Hier handelt es sich also um einen rein physiologischen Vorgang, der innerlich mit der Hallucination nichts gemein hat.

§ 76.

Bei Gelegenheit der sogenannten physiologischen Hallucinationen will ich auf gewisse Erscheinungen hindeuten, welche Interesse für die Psychologie haben, ohne grade in der Psychopathologie eine besondere Bedeutung zu beanspruchen. Sie beziehen sich auf den schon im vorigen § erwähnten Verkehr der Verstandeswelt mit der Sinnenwelt. Das Resultat der diesbezüglichen bis zur Virtuosität gesteigerten Selbsterziehung ist die innigste Verknüpfung der eigentlichen Sinneswahrnehmung mit der adäquaten Vorstellung. Diese ist so innig und untheilbar, dass wenn irgend ein Collisionsfall entsteht, der Verstand die Sinneswahrnehmung beherrscht, ohne selbst Schaden zu erleiden. Ich denke an die beiden bekannten, von der Physiologie aber, wie ich glaube. nicht hinlänglich gewürdigten Experimente. Das erste ist die bekannte Aufstellung zweier senkrechter Stäbchen hintereinander, von welchen das zweite doppelt gesehen wird, wenn beide Augen auf das Erste gerichtet werden und umgekehrt. In diesem Experiment erscheint nämlich das zweite Stäbchen dem einen Auge rechts von dem ersten, dem andern Auge links von demselben, woraus der Verstand schliessen müsste, dass zwei Stäbchen zweiter Reihe vorhanden sind. Thut dies der Verstand? Keinesweges. Der lässt sich nicht irre machen. Aber trotzdem sieht der Mensch das Stäbchen doppelt und zwar mit aller der Evidenz, die den Sinneseindrücken eigenthümlich ist. Das zweite Experiment besteht darin, dass man einen kleinen runden Körper durch eine künstliche Handstellung mit zwei Taststellen der Hand in Berührung bringt, die er bei der natürlichen Handstellung, in der die Tasterfahrungen erworben werden, unmöglich gleichzeitig berühren könnte. Und was ist das Resultat? Die Kugel wird mit grösster Evidenz doppelt gefühlt, obwohl der Verstand nicht den irrthümlichen Schluss macht, dass zwei Kugeln vorhanden seien. Insofern lassen sich diese Beobachtungen für das Verständniss der Hallucinationen verwerthen, als sie uns an einem Beispiele zeigen, wie es möglich ist, dass etwas mit voller Evidenz in der Sinnessphäre erscheinen kann, was in der Sinnenwelt nicht existirt.

<h2 style="text-align:center">§ 77.</h2>

Es bliebe jetzt noch übrig, von der Simulation der Hallucination zu sprechen. Der Irrenarzt als Arzt hat wenig damit zu schaffen. Was sollte wohl einen Kranken veranlassen, grade dies Symptom, welches er nicht einmal dem Namen nach kennt, zu simuliren? Anders steht es mit dem Gerichtsarzte. Es kommen nämlich erfahrungsgemäss Fälle vor, in welchen ein Verbrecher, um sich der ihn treffenden Bestrafung zu entziehen oder eine schon angetretene Freiheitsstrafe abzukürzen, Geisteskrankheit vorschützt, und namentlich sind viele Fälle verzeichnet, in denen der Angeklagte behauptete, durch eine ihn verfolgende Stimme zur Begehung des Verbrechens angeregt worden zu sein. Ich möchte jedem Gerichtsarzt rathen, vor Allem den obersten Grundsatz fest im Auge zu behalten, dass Simulation vom Richter nicht vermuthet (vorausgesetzt) werden darf, sondern bewiesen werden muss. Zeigt ein Angeklagter die Erscheinungen der Geisteskrankheit, so muss er so lange als geisteskrank angesehen werden, bis die Simulation erwiesen ist. Die Frage wegen der Hallucination ist desshalb wichtig, weil viele Angeklagte (wie oben angegeben) behaupten, sie seien durch eine Stimme zur That getrieben worden. Hierzu ist zu bemerken, dass, angenommen, eine solche Stimme sei wirklich gehört worden (was niemals weder erwiesen noch widerlegt werden kann), diese Thatsache nach unsrer Auffassung noch nicht den Beweis einer vorhandenen Geisteskrankheit erbringen kann, und zweitens dass nach dem deutschen Strafgesetzbuch weder die Hallucination noch die Geisteskrankheit als solche die Zurechnungsfähigkeit ausschliessen, sondern nur solche Zustände, welche die freie Willensbestimmung ausschliessen. Hierauf wird also der Arzt seine Untersuchung richten und hiernach sein Gutachten abzugeben haben. Auf diese Weise verliert die Frage wegen der Simulation einen grossen Theil ihrer praktischen Schwierigkeit.

§ 78.

Hier sei denn auch die Gelegenheit, anderer sogenannten Sinnestäuschungen zu gedenken, die innerlich von der Hallucination gänzlich verschieden, doch in praxi mit ihr verwechselt werden können, ich meine die Illusionen, welche seit der naturgemässen, von Esquirol zuerst scharf gezeichneten Differenz, eigentlich nicht mehr mit den Hallucinationen zusammen genannt werden sollten. Es handelt sich in diesem Falle rein um einen Irrthum des Urtheils. Am deutlichsten stellt sich das Sachverhältniss beim Sehen heraus. Im Dunkeln (vorausgesetzt, dass es nicht so finster ist, dass man gar nichts sieht) werden die Umrisse eines Körpers so undeutlich wahrgenommen, dass ein präcises Erkennen nicht mehr möglich ist und daher die Phantasie an die Stelle der scharfen Wahrnehmung tritt. Hier ist also eine Fehlerquelle gegeben, ohne dass man einen pathologischen Zustand des Bewusstseins zu Hülfe zu nehmen braucht. Man vergegenwärtige sich nur, was man für Irrthümer im Halbdunkel begeht. Einen Baum, oder auch nur den Schatten eines solchen für einen Menschen zu nehmen, sich auch unter solchen Umständen zu fürchten, gehört zu den alltäglichsten Erscheinungen, die unzweifelhaft noch in der physiologischen Breite liegen. Jedenfalls liegt bei der Illusion stets ein sinnenfälliges Object vor, welches nur vom Bewusstsein falsch interpretirt wird. Für die Hallucination ist das Fehlen des Objectes die Hauptsache. Die Illusion, welche bei allen Fieberdelirien, besonders bei dem der Kinder eine wichtige Rolle spielt, kommt natürlich auch im Bereiche der eigentlichen Psychosen vor. Das sind die nicht grade seltenen Kranken, die aus den Figuren der Tapeten, aus Flecken an der Wand oder den Fensterscheiben allerlei wunderliche Bilder herauslesen, wie sie jedesmal zu ihren Wahnvorstellungen passen und die sie oft in grosse Aufregung versetzen.

§ 79.

Ueber die Ursachen der Hallucinationen, oder genauer ausgedrückt, über die Bedingungen, unter denen sie entstehen, ist uns sehr wenig Positives bekannt und dies Wenige bedarf sehr der Interpretation. So ist es beispielsweise bekannt, dass der durch Alcoholmissbrauch entstandene Säuferwahnsinn stets an Hallucinationen sehr reich ist, und es liegt daher sehr nahe, den Alcohol als einen Stoff anzusehen, der in grösserer Quantität genossen, neben andern Erscheinungen (der Trunkenheit) auch den Hallucinationszustand hervorruft. Dem entspricht aber nicht der Umstand, dass nicht der Trunkene hallucinirt, sondern der an delirium cum tremore Leidende und dass die Umstände nicht genügend festgestellt sind, unter welchen der Alcoholmissbrauch, den man sich als eine lange Reihe von Trunkenheiten vorzustellen hat, in das von der Trunkenheit ganz verschiedene delirium cum tremore übergeht. Denn wenn auch für einzelne (und sogar recht viele) Fälle die Ursachen dieser Umwandlung am Tage liegen (erhöhte Temperatur bei Eintritt von Pneumonieen, Traumen, incl. chirurgischer und ophthalmischer Operationen), so sind sie uns in der grossen Mehrzahl der Fälle gänzlich verborgen. Wenn be-

hauptet wird, dass der Berauschungszustand der Orientalen durch
Opiumrauchen oder Haschischgebrauch seinen Hauptreiz den die
Sinne entzückenden Hallucinationen verdankt, so sind die Berichte
der Reisenden doch noch mehr orientalischen Märchen als natur-
wissenschaftlichen Beobachtungen gleichzustellen. Bis jetzt kennen
wir noch kein Experiment, durch welches wir Hallucinationen nach
Willkür hervorrufen könnten und haben also von dieser Seite eine
Aufklärung nicht zu erwarten.

§ 80.

Wenn wir auch unter psychischer Krankheit niemals einen
einzelnen Vorgang, sondern stets die Verbindung mehrerer und ein
gesetzmässiges Weiterentwickeln der Erscheinungen (Krankheitsprocess) verstehen und daher beispielsweise die Frage, ob Jeder,
der an Hallucinationen leidet, geisteskrank ist oder nicht, als correct gestellt nicht erachten können, so lässt sich doch nicht läugnen,
dass auch das einfachste Symptom (Element) Eigenthümlichkeiten
besitzt, welche kennen zu lernen, von Interesse sein wird. Die
Erfahrung lehrt nun, dass Hallucinationen, welche im Verlaufe
einer schnell (acut) verlaufenden Psychose eintreten, mit der Haupt-
krankheit verschwinden, ohne dass der Arzt ihnen eine besondere Be-
rücksichtigung zu schenken braucht. Es giebt aber eine Anzahl von
Fällen, in denen nach Erlöschen der übrigen Krankheitserscheinungen
die Hallucination gewissermaassen als selbstständiges stationäres
Leiden zurückbleibt und, wie ich in mehreren allerdings selteneren
Fällen gesehen, sich durch ein ganzes sehr langes Leben hinziehen
kann. Dass dabei das gesunde Seelenleben mehr und mehr unter-
graben werden muss, liegt auf der Hand und führt dieser Zustand
allmälig aber mit colossaler Langsamkeit schliesslich zu allmälig
zunehmender Geistesschwäche.

§ 81.

In Betreff der Ursachen der Illusionen, die eine bedeutendere
Rolle in acuten Körperkrankheiten, als in der eigentlichen Psychopathologie spielen, kennen wir einen Zustand, der den geeignetsten

Boden für das Zustandekommen der Illusion darbietet, und dieser Zustand ist das Fieber. Das, was man „Phantasiren, Fieberdelirium" nennt, beruht wesentlich auf Illusionen, wie man dies bei Beobachtung des Deliriums bei acuten Kinderkrankheiten recht deutlich wahrnehmen kann, und namentlich sind die Erscheinungen vor dem Einschlafen und gleich nach dem Erwachen, also die Zustände beim Erlöschen des Bewusstseins und bei dem noch nicht völlig wiederhergestellten Bewusstsein in dieser Beziehung sehr lehrreich. Andre Zustände, welche in ihrem Gefolge nothwendig Illusionen führen, kennen wir nicht. Die Illusionen verschwinden mit dem Fieber, welches sie erzeugt haben.

§ 82.

Indem wir die Krankheiten der Kritik (§ 62 ff.), die Verwechselungen, verfolgen, kommen wir zunächst zu dem Falle, in welchem nach unserem Schema M. mit G. in der Art verwechselt wird, dass irgend ein Sinneseindruck uns so vorkommt, als wenn er im Gedächtniss schon existirt habe. Die Folge davon ist die Vorstellung, als ob man dieselbe Situation schon einmal genau ebenso erlebt habe. Ich habe diesen Vorgang kurz als „Empfindungsspiegelung" bezeichnet und bin noch heute der Meinung, dass dieser unverfängliche Name die Thatsache am präcisesten bezeichnet und besser ist, als die späteren Erfindungen (Erinnerungstäuschungen, Doppelwahrnehmung*). Das Phänomen hat keine besondere pathologische Bedeutung, kommt mindestens ebenso oft bei ganz Gesunden vor und ist hier nur erwähnt worden, um die Reihe der möglichen Krankheiten der Kritik vollständig zu erschöpfen.

---

*) Als Curiosum bemerke ich, dass das hier besprochene Phänomen sich ganz ausführlich in Herder's Aufsatz „über die Seelenwanderung" erwähnt findet und dort als Unterstützung für die Annahme einer Seelenwanderung verwendet wird. (Vergl. auch Emminghaus, Allgem. Psychopathologie S. 132 Anm., wo sich eine analoge Anspielung vorfindet.)

§ 83.

Findet eine Verwechselung in der Art statt, dass Alles, was sich den Sinnen darbietet, für Wunsch (wünschenswerth) gehalten wird, so entrollt sich ein Bild, welches in den Irrenanstalten sehr gewöhnlich ist. Das sind diejenigen Kranken, denen jedes fremde Eigenthum (und sei es noch so unbedeutend, z. B. eine alte Haarnadel, ein abgerissener Hosenknopf) als begehrenswerth erscheint und von ihnen heimlich entwendet wird. Es sind die Kranken, deren Taschen oft revidirt werden müssen und bei denen man immer kleine, für kostbare Juwelen gehaltene Kieselsteine, Glasstückchen, Bindfadenenden, Nägel etc. vorfindet, von denen sie sich nur ungern trennen. Derartige Fälle mögen es wohl sein, die zu der irrthümlichen Annahme einer specifischen Diebeskrankheit (Kleptomanie) geführt haben, eine Annahme, die sehr geeignet ist, Verwirrung in die Gerichtssäle zu tragen. Uebrigens sei bemerkt, dass diese Eigenthümlichkeit ausschliesslich bei solchen Kranken vorkommt, welche ausserdem noch die Zeichen einer vorgeschrittenen Abnahme der Geisteskräfte darbieten und dass daher die Prognose eine schlechte ist, sowie, dass von einer Therapie gar nicht die Rede sein kann.

§ 84.

Findet die Verwechselung in der Art statt, dass die aus dem Gedächtniss aufsteigenden Wünsche für Sinneseindrücke genommen werden (W. mit M. verwechselt wird), so ist der Erfolg ganz derselbe wie bei der Hallucination und passt Alles von der Hallucination Gesagte auch auf den vorliegenden Fall.

§ 85.

Die Verwechselung zwischen Wunsch und Gedanken (W. wird mit G. verwechselt) hat sehr eigenthümliche Folgen. Denken wir uns einen Zustand, in welchem jeder aus dem Gedächtniss aufsteigende Gedanke die Farbe des Wunsches erhält, so wird der Seelenzustand ein höchst aufgeregter, für das Individuum höchst verwirrender werden. Es wird dann im Individuum derjenige Zustand permanent werden, den man in der menschlichen Gesellschaft als die „Jagd nach dem Glücke" bezeichnet. Unruhe, Hast, Rastlosigkeit, fortwährendes übereiltes Vorwärtsstreben, ohne sich bei irgend einem Erreichen zu beruhigen, das sind die Grundzüge des Daseins. Kommt nun, wie sehr nahe liegt, die umgekehrte Verwechselung dazu, so dass der Wunsch mit dem Gedächtniss in der Art verwechselt wird, so dass der Inhalt des Wunsches als schon erreicht vorgetäuscht wird, so haben wir einen Zustand, welchen man als Grössenwahn (délire ambitieux, monomanie des grandeurs) bezeichnet. Hierbei ist zu bemerken, dass des Menschen Wünsche die Neigung haben, sich fortwährend zu steigern, so dass irgend ein Erreichtes nur die Basis für einen weiter schreitenden Wunsch abgiebt, mit anderen Worten, dass das Reich der Wünsche ein unendliches ist.

§ 86.

Der Zustand eines an Grössenwahn leidenden Kranken wird also wesentlich darin bestehen, dass derselbe sich im Besitze alles Erwünschten wähnen und daher meistens den Eindruck grosser heiterer Erregung machen wird. Leider hat mich die Erfahrung gelehrt und es wird wohl Anderen ebenso ergangen sein, dass die Wünsche der ungeheuren Majorität derartiger Kranken sich nicht in den höheren Regionen bewegen, sondern dass Alle nach Geld, Essen und Trinken, Frauen, äusseren Ehrenstellen, Macht u. s. w. streben. Möglicherweise liegt dies aber auch daran, wovon noch bei den Ursachen die Rede sein wird, dass eben das Leben im Thierisch-Sinnlichen die Menschen eher in diesen Zustand verfallen lässt, als ein mehr der idealen Seite zugewandter Lebenswandel.

§ 87.

Wir haben bis jetzt, wo nur von den elementaren, d. h. einfachsten Krankheitserscheinungen die Rede war, noch keine Veranlassung gehabt, uns über die zusammengesetzten Formen, wie sie in der Wirklichkeit auftreten (klinische Krankheitsbilder) auszusprechen. Wir haben demgemäss das Wort „Classification" noch

3*

nicht erwähnt, verschieben dies auch jetzt bis auf eine spätere
Veranlassung und wollen jetzt nur noch einige allgemeine Bemerkungen einreihen.

§ 88.

⟨Die Frage nach der Classification ist eine hochwichtige und
zwar deshalb, weil die Classification der Ausdruck unserer Einsicht
in das Wesen und das Zustandekommen des zu classificirenden
Objectes ist. Wenn wir heute in der Botanik und der Zoologie
den sogenannten natürlichen Systemen den Vorzug vor dem Linné-
schen System geben, so geschieht dies nur, weil jene ein tieferes
Eindringen in das Leben der Pflanzen und Thiere voraussetzen als
diese. Bedenken wir, dass die schwächste Seite der Psychiatrie die
Classification der wirklich vorhandenen Krankheitsformen ist, so
werden wir daraus allein schon schliessen, dass unser Wissen sich
noch im Stadium der Kindheit befindet. Es ist doch sehr auffallend, dass die Krankheitsnamen, deren wir uns heute noch allgemein bedienen, sämmtlich aus dem grauen Alterthum stammen
und dass die Begriffe, die wir mit diesen Namen verbinden, sich
auch nicht wesentlich von denen der Alten unterscheiden.⟩ Klassen
bilden und Namen geben setzt aber voraus, dass man scharf unterscheidet, was vielen Fällen gemeinsam ist und was nur Eigenthum
des Individuums ist. Jenes giebt den Klassenbegriff. Bedenkt man,
dass im Thier- und Pflanzenreiche unter den einander höchst ähn-
lichen Individuen in den Hauptsachen vollständige Identität und nur
in Nebensachen individuelle Abweichungen zur Beobachtung kommen und vergleichen wir damit die geradezu unendlichen Ver-
schiedenheiten, wie sie das individuelle menschliche Seelenleben
darbietet, so wird man sich eine Vorstellung von der Schwierigkeit der Aufgabe im Vergleiche mit der Aufgabe der Zoologie und
der Botanik machen. Denn wenn wir auch mit Recht voraussetzen, dass die Grunderscheinungen des menschlichen Seelenlebens
überall die gleichen sind, so können doch in Folge der den Menschen allein verliehenen Perfectibilität aus jenen Grunderscheinungen
eine unendliche Anzahl von verschiedenen Persönlichkeiten sich

entwickeln, wodurch jedem Versuche der Classificirung sich fast unüberwindliche Schwierigkeiten entgegenstellen, weshalb denn auch in den Augen des Naturforschers das Menschengeschlecht als eine Species aufgefasst und höchstens von Racenunterschieden die Rede ist.

§ 89.

Jedem Versuche einer Classification der krankhaften Abweichungen des Seelenlebens muss eine Verständigung über die leitenden Grundsätze vorhergehen. Hierzu bemerken wir, dass es überhaupt hier nur zwei Wege giebt. Entweder man legt die zeitlichen Erscheinungen und deren Aufeinanderfolge zu Grunde oder die räumlichen (pathologische Anatomie). Beide Eintheilungs-Principien gleichzeitig anzuwenden ist nur in den Fällen zulässig, in welchen ein strenger Parallelismus beider Klassen von Erscheinungen nachweislich vorhanden ist. Beispielsweise verstand man früher unter Pneumonie eine Reihe von Symptomen, unter welchen der Kranke litt und gelegentlich auch starb (Broussais), während man seit Laennec darunter eine bestimmte (anatomische) Veränderung der Lunge versteht. Eine weiter vorschreitende Medicin machte dann den Versuch, das Krankheitsbild aus beiden Gruppen von Erscheinungen zusammenzusetzen. (Schönlein.)

§ 90.

Da, wie schon angegeben ist, für die Psychiatrie der anatomische Befund als Eintheilungsprincip verschlossen ist, so bleibt uns nichts Anderes übrig, als auf die Symptome resp. deren Aufeinanderfolge unsere Eintheilung zu gründen und nach dieser die Einzelformen festzustellen.

§ 91.

Der (§ 85) geschilderte Grössenwahn hat die Eigenthümlichkeit, dass die ungeheure Majorität der Fälle, die mit diesem Symptome beginnen, im Grossen und Ganzen einerlei Verlauf und ausserdem die für die Psychopathologie nicht wiederkehrenden Eigenthümlichkeiten haben, von einer bestimmten Reihe körper-

licher Erscheinungen begleitet zu sein und schliesslich einen constanten anatomischen Befund aufzuweisen. Gerade um dieser zuletzt genannten Eigenthümlichkeiten willen hat sich diese Krankheitsform nie in ein geschlossenes System unterbringen lassen und
ist meist als Anhang, als Seelenstörung mit Lähmungserscheinungen
complicirt, behandelt worden. Da wir überhaupt eine Classification
der Seelenstörungen nicht aufzustellen beabsichtigen, so steht es
uns auch frei, jede vorkommende Form an einer beliebigen Stelle
zu behandeln. Wir sind daher in unserem Rechte, wenn wir alle
Betrachtungen, die sich an die Erwähnung des Grössenwahns
knüpfen, an dieser Stelle folgen lassen.

§ 92.

Einleitend und zur Verhütung von Missverständnissen mag hier
gleich bemerkt sein, dass die complicirten organischen Processe
nicht mit so starrer Gesetzlichkeit verlaufen, wie die physikalischen,
chemischen, kosmischen Vorgänge, dass sie mit individueller
Beimischung bis auf einen gewissen Grad von einander abweichen
können. In die Beurtheilung dessen, was gesetzlich, was dauernd
ist. schiebt sich daher an die Stelle der mathematischen Formel die
Macht der Statistik ein. Es heisst also nicht, was immer ist, ist
Recht, sondern was in der grossen Majorität der Fälle stattfindet,
wird für Gesetz angesehen, und nähert sich diese Wahrscheinlichkeit der Wahrheit um so mehr, als die Zahl der zu Grunde ge-
legten Fälle wächst. Beiläufig gesagt liegt hierin der Grund, dass
die physikalischen Gesetze zu ihrer Bestätigung nicht der Statistik
bedürfen, weil es bei ihnen keine Ausnahmen giebt, während das
Wissen von den organischen Processen in fortwährendem Schwanken, bald vor-, bald zurückschreitend sich befindet. Wir werden
also beispielsweise in die Lage kommen. eine Gruppe von Erscheinungen als constant (gesetzlich) mit einander verbunden zu
erachten, ohne damit in Abrede zu stellen, dass gelegentlich einmal ein Fall auftreten könne, der als Ausnahme erscheint. Es
wird daraus nur hervorgehen, dass wir überhaupt noch wenig mit

Gesetzen, sondern meist nur mit Regeln zu thun haben, welche ihrem Wesen nach das Vorhandensein der Ausnahmen statuiren.

§ 93.

Dies vorausgeschickt, behaupte ich, dass der Grössenwahn (ich setze gleich hinzu) beim männlichen Geschlecht etwas so Specifisches an sich hat, dass wir da, wo er auftritt, gleich den weiteren Verlauf, den Ausgang und selbst den Sectionsbefund mit derjenigen Bestimmtheit, die überhaupt in ärztlichen Fragen zulässig ist,*) voraussagen können. Wenn es also überhaupt bestimmte psychische Krankheitsformen (Species) giebt, so ist eine Krankheit, die in Bezug auf Beginn, Verlauf, Ausgangspunkt, Ende und Sectionsbefund übereinstimmt, sicherlich als Paradigma aufzufassen und erscheint geeignet, an ihr die Grundzüge einer allgemeinen Pathologie und selbst einer etwa möglichen Classification zu studiren. Der Kürze wegen wollen wir anticipirend sagen, dass die Krankheit, von der jetzt die Rede sein soll, den Psychiatern längst bekannt und mehr als jede andere Form erforscht worden ist und verschiedene Namen erhalten hat. (Dementia paralytica, Paralysie générale progressive u. s. w.) Wir nennen sie die Paralyse der Irren.

§ 94.

Die Krankheit beginnt mit dem Auftreten des Grössenwahns. Dieser ist nur ein krankhafter Zustand des Denkens. Charakteristisch ist aber für unsere Kranken, dass das Pathologische über das Denkgebiet in der Art hinausgeht, dass die falschen Gedanken (Wahnvorstellungen) schnell Motive zum Handeln werden. Daher fortwährende Unruhe, Unmöglichkeit, an einem Orte zu verharren, Neigung, sich in kindischer Weise hervorzuthun; Neigung, Equipagen zu miethen und von einem Wirthshause zum andern zu fahren, dort den Grossen zu spielen, ohne bezahlen zu können, Besuchen von Kaufläden, um grossartige, aber ganz unnütze Ein-

---

*) Ars conjecturalis est medicina. Celsus.

käufe und Bestellungen zu machen, daher Collisionen mit dem Publikum, weil das nöthige Geld mangelt, oder Scandal mit Droschkenkutschern, Nachtwächtern, Polizeibeamten, die oft genug zur Verhaftung führen. Der Kranke glaubt, und dies bestärkt ihn in seinen Extravaganzen, sehr reich zu sein, er ist General, Prinz, König, Kaiser von der ganzen Welt. Seine Sprache (er spricht immer fort) wird überhastet, undeutlich, heiser; er ist für jedes Wort, was von Aussen kommt, unzugänglich, unfähig, auf irgend ein Gespräch einzugehen, und gleichgiltig gegen die Wirklichkeit. Bei allem Gefühl seiner Grösse und Macht erscheint er doch als willensschwach und lässt sich, wenn es geschickt angefangen (namentlich durch scheinbares Eingehen auf die kranken Ideen), wie ein kleines Kind leiten. Charakteristisch für diesen Zustand ist die schrankenlose Neigung zum Trinken und zum andern Geschlechte, welche sich theils durch Handlungen (in der Ehe durch mass- und schamlose Handlungen gegen die Frau), theils durch die obscönsten Redensarten kund giebt.

§ 95.

Sehr bald macht sich in Mitten der geschilderten geistigen Verwirrung eine Abnahme des Gedächtnisses bemerklich, die sich zunächst dadurch ankündigt, dass der Kranke dieselbe Geschichte, die er eben erzählt hat, von Neuem wieder vorträgt und selbst über die jüngst vergangene Zeit (von wenigen Tagen) nicht mehr im Stande ist, Auskunft zu geben, während das Gedächtniss für vergangene (gesunde) Zeiten noch ziemlich gut erhalten ist.

§ 96.

Höchst charakteristisch ist das frühe Auftreten von Störungen im Bereiche der willkürlichen Muskeln. Die hierher gehörigen Erscheinungen tragen nicht das Bild der Lähmung im gewöhnlichen Sinne des Wortes, wenn man darunter die Schwierigkeit resp. Unmöglichkeit versteht, die Muskeln durch Einfluss des Willens zur Contraction zu bringen. Vielmehr handelt es sich hier um die Herrschaft über die anerzogenen, zu bestimmten Zwecken ein-

geübten höchst combinirten Muskelcontractionen, also um denjenigen Vorgang, den man allgemein als Taxis bezeichnet, und sind
daher die hier in Betracht kommenden Erscheinungen unter dem
Gesichtspunkte der Ataxie aufzufassen. Die Erscheinungen selbst
sind aber folgende: 1) Eine eigenthümliche Störung der Sprache,
welche nicht darin besteht, dass der Kranke etwa einzelne Con-
sonanten nicht mehr fertig bekommt, sondern darin, dass mitten
im Redefluss eine kleine, meist sehr schnell überwundene Schwierigkeit, ein ganz kurzes Häsitiren bemerklich wird. Dies Symptom
ist oft nur bei genauer Aufmerksamkeit auf den Kranken zu entdecken und ist überhaupt besser in Ruhepausen, bei langsamerem
Sprechen als während des erregten Redeflusses zu bemerken. 2) Im
übrigen Muskelsystem sind die Störungen um so auffallender, je
feiner die Combination ist, die zur Ausführung einer erlernten Bewegung erforderlich ist. Während daher die plumperen Bewegungen
(Hauen, Stossen, Treten) noch voll und sogar mit grosser rück-
sichtsloser Kraft ausgeübt werden können, erscheinen gewandtere
Uebungen (schnelles Umwenden, Steigen auf einen Stuhl) schon in
der Form erheblicher Ungewandtheit. Noch feinere Bewegungen,
wie sie zum Einfädeln einer Nähnadel, zum Zuknöpfen kleiner
Knöpfe, zum Schlingen eines Knotens und vor Allem zum Schreiben
erforderlich sind, verrathen Langsamkeit und Ungeschick. Hieraus
erklärt sich auch, dass diese Art von Lähmung zunächst in der
Sprache und der Handschrift, als den feinsten Bewegungsgruppen,
zuerst in die Erscheinung tritt und dass das Hereinziehen bestimm-
ter Nerven (z. B. des Hypoglossus für die Sprachstörungen) weder
anatomisch noch physiologisch nöthig oder berechtigt ist. Bemerkt
sei zugleich, dass weder Pupillendifferenz noch halbseitige Facialis-
Lähmung für unsere Krankheit charakteristisch sind, weil beide
nichts weniger als constant sind und auch bei vielen gar nicht
hierher gehörigen Krankheitszuständen häufig genug vorkommen.
Ueberhaupt unterscheidet sich unsere Lähmung von der auf Apoplexie folgenden wesentlich auch dadurch, dass die Halbseitigkeit
der Erscheinungen hier die Regel, dort aber, wenn sie überhaupt

bemerkt wird, zu den immerhin seltenen Ausnahmen gehört. Von denjenigen Fällen, in welchen dem Entstehen unserer Krankheit längere Zeit eine wirkliche Hirnapoplexie vorherging (ich habe zwei solche Fälle beobachtet) kann hier nicht die Rede sein.

§ 97.

Der abnorme Geisteszustand, wie wir ihn bis hierher geschildert haben, erscheint als ein Productionsstadium. Täglich tauchen neue, nicht der Wirklichkeit entsprechende, sondern nur in der Phantasie vorhandene und durch die Wirklichkeit nicht zu corrigirende Vorstellungen (Wahnvorstellungen) auf, die zwar alle den gleichen Charakter der Ueberschwänglichkeit haben, doch aber immer wieder neu sind und auch in geordneter Weise und in grammatisch richtiger Weise vorgetragen werden. Noch ist eine Unterhaltung möglich, noch sucht er sich gegen Einwände, manchmal nicht ohne oberflächlichen Witz, zu vertheidigen. Doch dauert diese Freude nicht lange. Schneller, als es bei anderen Krankheitsformen die Regel zu sein pflegt, lockert sich der Zusammenhang der Vorstellungen (vielleicht eine Art der Gedächtnissschwäche), schneller verliert sich die Möglichkeit, eine Unterhaltung zu führen, eine geistige Arbeit zu leisten, mit einem Worte, schneller als bei anderen Krankheiten sinkt die psychische Gesammtleistung und macht einem Zustande allgemeiner geistiger Schwäche Platz. So richtig diese Behauptung ist, so mache ich doch darauf aufmerksam, 1) dass schnell und langsam nur relative Begriffe sind, die eines sicheren Inhalts entbehren, 2) dass es doch recht viele nicht zu unserer Paralyse gehörige Fälle giebt, bei welchen auf ein acutes Stadium eine überraschend schnelle, oft nicht wieder gut zu machende Geistesschwäche folgt und 3) dass, wenn die schnelle Abnahme bei der Paralyse häufiger ist, der Grund daran liegt, dass gerade die stürmische Eintrittsepoche, die für die Paralyse so charakteristisch ist, auch am schnellsten einen Erschöpfungszustand herbeizuführen geeignet ist. Hiernach kann ich den Schriftstellern der neueren und neuesten Zeit nicht beistimmen, wenn sie die schnelle Abnahme der Geisteskräfte als Hauptzeichen der Paralyse ansehen. Auf diese Weise verschärft man nicht die Diagnose, sondern man verwässert sie — nicht zum Vortheile der Wissenschaft.

§ 98.

Im weiteren Verlaufe der Krankheit sinken die Geisteskräfte immer mehr, bis der Kranke so weit kommt, dass er gar keine Gedanken hat und nur noch einzelne kaum verständliche Worte von sich giebt, auch keinerlei Bedürfnisse mehr ansagen kann (er verlangt nicht mehr nach Speise und Trank, wird im höchsten Grade unreinlich.*) Dem entsprechend sinkt auch die Bewegungsfähigkeit, der Kranke kann das Bett nicht mehr verlassen, bekommt decubitus und stirbt.

§ 99.

Einer Eigenthümlichkeit dieser Krankheitsform ist noch zu gedenken. In der Regel wird nämlich der monotone Verlauf [der Krankheitserscheinungen durch Anfälle unterbrochen, die zwischen Epilepsie und Apoplexie in der Mitte stehend (der Erscheinung nach), den Namen der paradoxen Anfälle erhalten haben. Sie treten in zweierlei Form auf. Einmal als plötzlich eintretende und nach kurzer Zeit (wenige Minuten) wieder spurlos verschwindende Anfälle von Bewusstlosigkeit. Diese sind, wo sie vorkommen, fast immer dem eigentlichen erkennbaren Beginn der Krankheit längere Zeit (monatelang) voraufgegangen, sind von schlimmer prognostischer Bedeutung, werden aber in der Regel erst später, wenn die Diagnose der Paralyse schon anderweitig feststeht, in ihrer Bedeutung retrospectiv richtig gewürdigt. Die zweite Art von Anfällen tritt während des Krankheitsverlaufes urplötzlich ein. Gänzliche Bewusstlosigkeit, Unempfindlichkeit gegen äussere Reize, mässige Convul-

---

*) Warum häufig neben der Lähmung der Blasenschliessmuskeln oder vielmehr anstatt derselben Lähmung des Blasengrundes (Urinverhaltung) eintritt, weiss ich nicht zu erklären, erwähne es aber wegen der praktischen Folgen, die die Aufmerksamkeit des Wartepersonals und die Anwendung des Catheters bedingen.

sionen (zuweilen einseitig), aber ohne apoplectisches Schnarchen und apoplectische Pulsintermission und ohne zurückbleibende Hemiplegie. Der Anfall geht vorüber, doch scheint jeder Anfall beschleunigend auf den Verfall der Geisteskräfte einzuwirken.

§ 100.

Die Prognose ist, nach dem bisherigen Stande unsres Wissens, schlecht. Steht die Diagnose fest, so kommt sie einem Todesurtheil gleich und zwar ist das Schicksal des Kranken durchschnittlich in 1 bis 2 Jahren besiegelt. Längere Krankheitsdauer gehört schon zu den Ausnahmen. Dabei ist es merkwürdig und bis jetzt nicht erklärlich, dass diese Krankheit nicht so selten Remissionen aufweist, die lange dauern können und nicht bloss von Laien, sondern auch von Aerzten für wirkliche Heilungen gehalten werden. Ich habe es wiederholt erlebt, dass solche Personen in der Remission wieder in ihren bürgerlichen Beruf (Kaufmann, Beamte, selbst Officiere) mit Erfolg zurücktreten. Indessen ist der Faden, der sie an die Krankheit knüpft, zwar lang, doch unzerreissbar. Früher oder später kommt der Rückfall, der selten noch einmal die Sturm- und Drangperiode des ersten Anfalls durchzumachen hat, sondern meistens schon mit leicht erkennbarer Depression der Geisteskräfte debütirt.

§ 101.

Es ist schon gelegentlich erwähnt worden, dass die Paralyse die einzige Form der Seelenstörung repräsentirt, bei welcher von einer constanten Hirnläsion die Rede sein darf. In Betreff dieser Thatsache sind alle Schriftsteller von Bayle (1826) bis auf Mendel (1880) einig, wenn sie auch in Bezug auf das anatomische Verständniss der Läsion allerlei Abweichungen aufweisen, und sich höchstens dadurch wesentlich unterscheiden, dass die Einen hauptsächlich von einer chronischen Entzündung der pia mit Adhärenz an die Hirnrinde sprechen, während die Andern das Hauptgewicht auf die Veränderungen der Hirnrinde selbst legen.

§ 102.

Vergegenwärtigt man sich den Inhalt der letzten Paragraphen, so drängen sich dem denkenden Psychiater allerlei Fragen auf. 1. Ist der Leichenbefund bei der Paralyse derartig, dass die Symptome der Krankheit sich durch ihn erklären lassen? Die Beantwortung dieser Frage wird dadurch sehr erschwert, dass wir es hier mit einer Krankheitsform zu thun haben, in welcher neben den psychischen Symptomen constant allerlei Lähmungserscheinungen einhergehen und der anatomische Befund möglicherweise nur die eine oder die andere Reihe der Erscheinungen aufklärt. Bedenkt man, dass die Frage, ob wirklich die Rindensubstanz das Organ der Psyche sei, noch keineswegs mit der Schärfe gelöst ist, welche die strenge Naturwissenschaft fordert, während die Beziehung gewisser Rindenbezirke zu den willkürlichen Bewegungen jetzt (Hitzig) als Thatsache hingenommen werden muss, so würde der Zusammenhang der Rindenerkrankung mit den pathologischen Muskelerscheinungen einigermaassen verständlich sein. Bedenkt man weiter, dass die ungeheure Mehrzahl der Psychosen ohne nachweisbare Erkrankung der Rinde verläuft, so wird man keine Veranlassung finden, grade bei der Paralyse die psychischen Symptome auf Rindenerkrankung zurückzuführen. Und wenn dies Alles richtig ist, so wird man aus der paralytischen Hirnerkrankung kein Capital für die Annahme, Psychose sei gleichbedeutend mit Hirnerkrankung oder auch nur mit Hirnrindenerkrankung, schlagen können.

§ 103.

Frägt man nach den Ursachen dieser so oft zur Beobachtung kommenden Krankheit, so hat darüber eine Einigung bei den Schriftstellern noch nicht stattgefunden. Zur Beurtheilung dieser Frage mögen folgende Erwägungen beitragen. 1. Dass in Bezug auf das Geschlecht der Kranken eine sehr grosse Differenz zu Ungunsten des männlichen Geschlechts stattfindet, ist noch Niemandem bestritten worden und muss diesem Punkte bei der grossen Differenz in der geschlechtlichen Leistung zwischen beiden Geschlechtern grosse Wichtigkeit beigelegt werden. Sowohl der Geschlechtstrieb als auch die sensible Theilnahme am Geschlechtsacte, sowie die Dignität der ergossenen Flüssigkeit (auf der einen Seite ein sehr langsam und in complicirtem Organe bereitetes Secret, auf der andern eine einfache, von der ersten besten Schleimhaut lieferbare Flüssigkeit) sind himmelweit von einander verschieden. 2. Die Krankheit fällt vorzüglich, ich möchte sagen ausnahmslos in die Zeit der Blüthe (gleichbedeutend mit der Zeit der bedeutendsten Geschlechtsleistungsfähigkeit und der wirklichen Leistung). Wer das 50. Lebensjahr glücklich erreicht hat, kann mit Ruhe in die Zukunft sehen. 3. Vorzugsweise werden die besser situirten Stände befallen und unter diesen wiederum die Gesellschaftsklassen, bei welchen man sich des geschlechtlichen Excesses am ersten versehen kann. Hierhin rechne ich den Officiersstand, die Studirten, welche sich in einer gewissen Aisance befinden, aber doch verhältnissmässig selten in der Lage sind, sich früh verheirathen zu können, und ganz besonders die Handlungsreisenden, welche durch ihr ewiges Herumtreiben und ihre meist gesicherte Lage so recht auf den Excess angewiesen sind. Wenn der Handwerker, der Tagearbeiter, der Bauer ein verhältnissmässig geringeres Contingent zur Paralyse stellen, so bedenke man, dass diese Art von Individuen am Tage arbeiten muss und Abends ermüdet noch lieber die Schenke aufsucht und auch, da der Beischlaf meistens Geld kostet, sich gar nicht in der Lage befindet, dauernd zu excediren. Dass die Paralyse auch bei Verheiratheten vorkommt, steht damit nicht in Widerspruch, da erstens Excesse auch in der Ehe möglich, ja sogar häufig sind und mir andrerseits viele Beispiele bekannt sind, in denen junge Männer, die den besten Theil ihrer Kräfte bereits vergeudet, eine Ehe eingehen, um Ruhe zu haben, die sie freilich nicht immer finden und dann nach wenigen Jahren als Paralytiker erscheinen. Aus alledem schliesse ich, dass der sexuelle Excess eine grosse Rolle in der Aetiologie der Paralyse spielt, wenn er auch vielleicht nicht als einzige Ursache angesehen werden sollte.

Zu erwähnen würde nach den Schriftstellern noch die chronische Einwirkung hoher Temperatur (Feuerarbeiter) und der Alcohol sein. In Bezug auf letzteren ist es sehr schwierig, reine Erfahrungen zu sammeln, da Excesse in Baccho gewöhnlich mit denen in Venere Hand in Hand gehen. Die Beziehung der Paralyse zur Syphilis ist noch nicht hinreichend aufgeklärt und auch aus demselben Grunde, wie beim Alcohol, schwer festzustellen.

§ 104.

Gut constatirte Fälle von dauernder Heilung (von den oft täuschenden Remissionen ist schon die Rede gewesen) giebt es nicht, ganz davon abgesehen, dass bei der anerkannten enormen Seltenheit derartiger Fälle immer auch an einen diagnostischen Irrthum zu denken sein würde. Nach den von Mendel ausführlich aufgestellten Daten dürfte man die durchschnittliche Dauer der Krankheit (die extremsten Zahlen muss man nach statistischem Brauche nicht mit einrechnen) auf etwa 2 Jahre annehmen. Was länger dauert, kann schon als Ausnahme angesehen werden. Hingegen giebt es unzweifelhaft Fälle von sehr kurzer Dauer (galoppirende Paralyse), die in wenigen Monaten absolvirt sind. Auch in Bezug auf die Dauer der Krankheit hat also die Paralyse ihre Eigenthümlichkeiten, insofern eine so kurze Dauer, wie z. B. bei dem delirium acutum, bei ihr nicht vorkommt, und andererseits Paralytiker nie in die hohen Jahre kommen, die in gut eingerichteten Anstalten bei andern Psychosen ganz gewöhnliche Vorkommnisse sind. Ein Fall von Paralyse, der 23 Jahre gedauert hat (Lunier bei Mendel), ist sicherlich keine Paralyse gewesen.

§ 105.

Woran stirbt der Paralytiker? Allgemein ausgedrückt, an Erschöpfung, die durch das Aufregungsstadium eingeleitet, durch sinkende Verdauung (Appetitlosigkeit, Durchfälle) gesteigert und zuletzt durch Decubitus geschlossen wird. Der Tod kann aber auch durch gehäufte epileptische (paradoxe) Anfälle erfolgen, ein Zustand, den man jetzt als Status epilepticus zu bezeichnen pflegt.

Drittens ist zu erwähnen, dass in Folge des Verfalles der combinirten Bewegungen leicht ein Eindringen von Speisen in die Luftröhren stattfindet, wo dann der Tod während der Mahlzeit urplötzlich erfolgt. Der Tod durch Selbstmord kommt zwar auch (wohl nur im Anfange der Krankheit) vor, gehört aber doch zu den Seltenheiten.

§ 106.

Nach dem, was über die Unheilbarkeit der Paralyse gesagt ist, brauchte von der Therapie eigentlich nicht viel die Rede zu sein. Specifische Heilmittel giebt es natürlich nicht. Eine auf die Annahme einer zu Grunde liegenden Gehirnentzündung basirte antiphlogistische Behandlung (Blutentziehung, Kälte) hat sich nicht bewährt und wird wohl von Niemandem mehr geübt. Und doch würde sie, nach meiner Meinung, zu versuchen sein, wenn man die Kranken zu einer Zeit in Behandlung bekäme und die Krankheit schon sicher diagnosticiren könnte, in welcher die Entzündungsproducte noch nicht fest organisirt sind. Wenn man auch den Kranken nicht heilen kann, so kann man doch sehr viel zu seiner Erhaltung thun. Hier giebt es zwei unschätzbare Hülfsmittel. Erstens gute, reichliche und schmackhafte Nahrung und zweitens möglichst viel Luft (Aufenthalt im Freien, durch den auch das Stadium des Zubettliegens möglichst weit hinausgeschoben wird.)

§ 107.

Nachdem wir eine psychische Krankheitsform beschrieben haben, die sich nach dem Zeugniss Aller als diejenige herausstellt, deren Erscheinungen, Verlauf und Hirnbefund den grössten Grad der Constanz aufweisst und daher sich als Classificationsparadigma am besten eignet, mag hier der Ort sein, einige allgemeine Fragen der Classification in den Bereich unsrer Betrachtung zu ziehen. Als erste Forderung für die Aufstellung einer Krankheitsform stelle ich die Bedingung der Uebereinstimmung des Anfangs, Verlaufs und Endes dar. Tritt noch die Uebereinstimmung des Sectionsbefundes hinzu, so ist Alles geleistet, was man billigerweise fordern

kann. Die Aufstellung von verschiedenen Stadien derselben Form
ist schon bedenklich, da nicht die Natur, sondern der Scharfsinn
und die Individualität des Beobachters diese Abschnitte aufstellt.
Die Natur kennt nur stetig fortschreitende Processe, die fest bestimmte Abschnitte ausschliesst. Dies ist sogar bei denjenigen Krankheiten der Fall, bei denen die allgemein recipirten Abschnitte sich
noch relativ am stärksten ausprägen. Denken wir an die Pocken
mit ihren sogar an eine bestimmte Zeit gebundenen Stadien. Indessen beziehen sich diese Stadien streng genommen eigentlich nur
auf die einzelne Pocke, nicht auf den Krankheitsverlauf. Denn
während einzelne Pocken sich schon im Stadium suppurationis befinden, sind einzelne noch im Entstehen, einzelne im Stadium
repletionis, so dass also diese Begriffe nicht mit Strenge auf die
Gesammtkrankheit angewandt werden können. Ist dies schon bei
solchen Musterstadien der Fall, um wie viel undeutlicher werden
die Stadien bei psychischen Processen sein, die ihrer fliessenden
Natur wegen sich so wenig zu natürlichen Abschnitten eignen, wie
der Lauf eines Stromes. Hat man aber feste Stadien aufgestellt,
so glaube ich, dass man an sie gebunden ist und dass man nicht
(wie Mendel es thut) Formen aufstellen darf, in denen dies oder
jenes Stadium fehlt. Denn damit wäre ja der Beweis geliefert,
dass dies oder jenes Stadium nicht nothwendig zum Gesammtbilde
der Krankheit gehört. Ebenso ist es mit der Aufstellung der Form
eine eigne Sache. Ist die Form richtig aufgestellt, so ist sie classisch
(typisch) und Alles, was nicht classisch (typisch) ist, gehört nicht
dahin, sondern mag mit besondern Namen bezeichnet werden. Ich
kenne demgemäss nur eine classische Paralyse, und Alles, was
nicht classische Paralyse ist, belege ich überhaupt nicht mit diesem
Namen.

Man glaube nicht, dass diese Betrachtung der Dinge ein leeres
Gedankenspiel enthalte. Sie ist von Wichtigkeit für die Fortbil-
dung unsres Wissens. Ich führe zunächst ihre Beziehung zur
Statistik auf. Bedingung jeder Statistik ist die Identität der Einheiten, mit denen gerechnet wird. Soll irgend eine statistische Frage

gelöst werden, z. B. die Frage, ob die Paralyse häufiger in grossen
Städten als auf dem platten Lande vorkomme, so ist das Resultat
der Rechnung gleich Null, wenn nicht die Einheiten identisch sind,
was nur bei höchster Präcision der Formaufstellung möglich ist.
Ja, das statistische Resultat ist schlimmer als Null, weil hier Irrthümer unter dem gleissenden Gewande der Mathematik aufgestellt
und verbreitet werden.

§ 108.

Unter Bezugnahme auf den vorigen Paragraphen trage ich noch
einige Bemerkungen über das Stadium prodromorum nach. Von
einem richtigen Vorläuferstadium verlange ich einmal, dass es constant, und zweitens, dass es specifisch sei. Nur dann ist es für den
Eingeweihten möglich, schon in dieser Zeit die Diagnose zu stellen.
Dies ist in Bezug auf die Paralyse nicht der Fall. Mag man auch
(mit Mendel) annehmen, dass es ein constantes Vorläuferstadium
giebt (ich bestreite sogar das Thatsächliche dieser Behauptung), so
hat dasselbe sicherlich nichts Specifisches. Melancholische Depression, Unruhe, Hast, Reizbarkeit, Schwierigkeit, die gewohnten Arbeiten zu verrichten, oder Abneigung gegen dieselben etc. sind die
ganz generellen Erscheinungen, wie wir sie im Entwicklungszeit-
ranme (im Zeitraume des Ueberganges von der psychischen Gesundheit zur psychischen Krankheit) bei jeder psychischen Krankheit beobachten, ohne dass wir im Stande sind, vorherzusagen, ob
es überhaupt zur Entwicklung einer wirklichen Psychose kommen
werde, und noch viel weniger, welcher Art dieselbe sein werde.
Die einzigen Erscheinungen, die hier Bedeutung haben, sind die
somatischen, die vorübergehende (momentane) Bewusstlosigkeit, in
specie Lähmungen (Doppelsehen). Diese sind specifisch und wohl
geeignet, Besorgniss zu erregen. Aber zwischen Besorgniss und
Diagnose ist doch ein himmelweiter Unterschied.

§ 109.

Der Inhalt des § 107 ist aber auch wesentlich für die Entscheidung einer andern Frage. Seit man die Paralyse kennt, fiel

allen Beobachtern die grosse Häufigkeit der Paralyse bei Männern, gegenüber der relativ grossen Seltenheit bei Frauen auf. Ich war jedoch der Erste (und bin bis jetzt, soviel ich weiss, der Einzige geblieben), der behauptete, die Paralyse sei ausschliesslich eine Männerkrankheit und käme bei Frauen nicht vor. Nun ist es merkwürdig, dass alle diejenigen, die für die Paralyse der Frauen eingetreten sind, darin übereinstimmen, dass die Erscheinungen, die Intensität, der Verlauf und die Dauer bei den Frauen sich anders und jedenfalls viel milder herausstellen, als bei den Männern; dass der Grössenwahn nicht ganz fehlt, aber nur gelegentlich und oft in einer späteren Epoche erst auftritt. In keiner mir bekannten Krankheitsgeschichte habe ich das so höchst charakteristische Anfangsstadium der Männer verzeichnet gefunden, bei denen der Grössenwahn nicht nur beim Beginne vollständig ausgebildet erscheint, sondern auch das zwingende Motiv für erregte, kindisch erscheinende Handlungen abgiebt. Selbst K o r n f e l d, der als Kämpfer für die weibliche Paralyse ex professo auftritt, resumirt sich schliesslich dahin, dass die classische Paralyse nur bei Männern vorkommt. Dass der schnelle Verfall der geistigen Kräfte (den ich natürlich auch zugebe) das Hauptkennzeichen der Paralyse sei, bestreite ich und scheint mir diese Behauptung nur aufgestellt worden zu sein, um unter dieser Flagge die weibliche Paralyse in das System einzuschmuggeln.

§ 110.

Wenn es unbestrittene Aufgabe des wissenschaftlichen Eindringens in eine naturwissenschaftliche Aufgabe ist, vom Besonderen (Individuellen) auf dem Wege der Abstraction zum Allgemeinen aufzusteigen, so wird es sich zunächst fragen, von welchem Besondern wir am besten und zweckdienlichsten zu beginnen haben. Tritt uns da eine constante, in der Natur schon vorhandene Einheit entgegen, so wird es gewiss zweckmässig sein, mit ihr zu beginnen, bei ihr gewissermaassen die allgemeinen Regeln zu studiren. Nun giebt es, wie wohl allgemein anerkannt wird, keine constantere, geschlossenere und bekanntere Form der Psychosen, als die

4*

bisher geschilderte Paralyse. In ihr werden wir daher die Grund-
gesetze der Psychosen am leichtesten erkennen und gewissermaassen
aus ihr herausschälen können. Diese Allgemeinheiten fasse ich
folgendermaassen auf.

§ 111.

Lasse ich das Gesammtbild der Paralyse vor meinem Denken
vorübergehen, so finde ich, dass im Beginne der Krankheit die
Phantasie eine Menge neuer, mit der Wirklichkeit in directem Widerspruche stehender Vorstellungen (Wahnvorstellungen) schafft und
diese noch mit einer gewissen Logik, resp. in einem gewissen Zusammenhange ausbildet. Es ist dieses der Zeitraum der Poësie,
dies Wort in seinem etymologischen Sinne genommen. Ganz natürlich ist es, dass der Kranke sein Ich in den Mittelpunkt seiner
Gedanken stellt, Alles nur auf sich bezieht und dadurch nicht nur
in seinem Denken, sondern ebenso in seinen Gefühlen den Egoismus fort und fort entwickelt. Daher die oft so frappirende Gleichgiltigkeit gegen Interessen und Bande, die früher sein Glück aus-
machten. Man melde einem solchen Kranken Unglücksfälle aus
seiner nächsten Umgebung, den Tod einer geliebten Frau, theurer
Kinder u. s. w., und man wird erstaunen, wie absolut gleichgültig
er solche Mittheilungen aufnimmt; wie gar kein Verständniss für
die Bedeutung solcher Ereignisse er an den Tag legt. Diesen Zustand hat man als Gemüthsarmuth (Empfindungsleere) bezeichnet.
Dabei kann er jedoch noch starke Willensimpulse aufweisen, nur
dass diese nicht mehr vom Verstande, sondern nur von Wahnvorstellungen angeregt werden. Allmälig, und hiermit beginnt ein
neuer Abschnitt, lässt die Production neuer Wahnvorstellungen nach,
der Kranke lebt nur noch von den Resten der im ersten Abschnitt
erzeugten Wahnideen und der anfangs noch erkennbare Zusammenhang der Gedanken lässt mehr und mehr nach. Während früher
der Kranke noch Fragen versteht u. s. w., wenn auch aus seinen
Wahnvorstellungen heraus, aber doch so beantwortet, dass man
ein Verständniss für die Frage daraus ersieht, lockert sich der Zusammenhang der Gedanken bald so weit, dass der Kranke seinen

Gedankenlauf zu beherrschen mehr und mehr verlernt, so dass nicht mehr der eigene Wille, sondern das dem Willen entgegenstehende Associationsgesetz die Verknüpfung der Gedanken regelt. Solche Kranke sind nicht mehr bei dem Gegenstande festzuhalten, sie schwatzen (wie man zu sagen pflegt) vom Hundertsten ins Tausendste und verlieren alle Fähigkeit für die nothdürftigste Conversation. So charakterisirt sich der zweite Abschnitt der Krankheit. Aber es giebt noch einen dritten und letzten Zustand, in welchem die Gedanken nach und nach verschwinden und zuletzt gar keine psychischen Thätigkeiten mehr zum Vorschein kommen. Der Kranke führt nur noch ein vegetatives Leben, hat keine Bedürfnisse mehr, spricht nicht mehr, höchstens murmelt er noch einzelne, schlecht articulirte, für seine Umgebung unverständliche Worte. hat nicht mehr den Wunsch, das Bett zu verlassen und hat auf diese Weise alle Vorzüge verloren, welche den Menschen vom Thiere unterscheiden. Dass solche Kranke, kurz vor ihrem Tode, noch einmal zur Besinnung kommen, ist eine Fabel, die in wissenschaftlichen Büchern nicht vorkommt und nur in dilettantischen oder dichterischen Köpfen noch fortflackert.

§ 112.

Wenn ich auch recht gut weiss, dass die geschilderten Abschnitte in der Entwicklung nicht durch scharfe Grenzen geschieden sind, so sind sie doch auf ihrer Höhe so charakteristisch, dass sie als Stadien aufgefasst werden müssen. Ich resumire mich also dahin, dass die Paralyse drei naturgemässe Stadien aufweist, und zwar das Stadium der Production, das Stadium der Lockerung des Zusammenhangs und das Stadium des Erlöschens der geistigen Leistungen. Das erste nenne ich (bei der Namengebung ist jeder frei) das Stadium des Wahnsinns, das Zweite das Stadium der Verwirrtheit, das Dritte das Stadium des Blödsinns.

§ 113.

Es entsteht jetzt die Frage, ob das, was für die Paralyse mir als geltend erscheint, etwa auch für andre Erkrankungen oder möglicherweise für Alle wissenschaftlich zu verwerthen sei. Diese Frage war für mich keine zufällige. Sie entsprang aus der Betrachtung, dass die bisher recipirten Formen, deren Namen und Schilderungen, die aus dem grauen Alterthum stammen, durchaus noch derjenigen Schärfe und Abrundung entbehren, welche erforderlich wäre, um darauf ein System (eine Klassification) zu gründen. So wurde ich auf den Weg gedrängt, statt nach neuen besseren Einzelformen zu suchen, zunächst darauf auszugehen, zu ermitteln, was vielen, möglicherweise allen Formen gemeinsam sei. Eine Klassification im Schulsinne konnte freilich auf diesem Wege nicht gefunden, wohl aber der Weg dazu angebahnt werden. Denn indem man das Allen Gemeinsame aus der Untersuchung eliminirte, gelangte man zu einem Reste, in welchem das Individuelle (Specielle, Species) stecken konnte und stecken musste. Indem ich daran verzweifelte, auf dem bisherigen Wege zu einer gesunden Klassification zu gelangen, sah ich mich zu dem kühnen Worte gedrängt: „Besser gar keine Klassification, als eine schlechte." Damit glaubte ich zugleich den Weg für weitere Arbeit vollständig offen gehalten und sogar von allerlei Hindernissen befreit zu haben.*)

§ 114.

Nun behaupte ich allerdings, dass alle Geisteskrankheiten nach

---

*) Uuter den Neuern hat sich wohl Kahlbaum am meisten für die Klassification interessirt, indem er nicht nur seine Grundsätze in einer früheren Schrift entwickelt, sondern auch in jüngeren Arbeiten (Katatonie, Hebephrenie) sich bemüht hat, neue Formen mit neuen Namen aufzustellen. Natürlich konnte er meine Auffassung nicht zu der seinigen machen, seine Besprechung derselben ist mir aber immer als ein Lob erschieneu. Er sagt nämlich, dass meine Schilderung nicht auf alle Fälle, soudern uur auf das typische Irresein passe. Nun meine ich, dass grade das Typische dasjenige ist, was uns am meisten wissenschaftlich interessirt. Denu Typus kann doch nur das Ideal sein, welches aus allen Eiuzelfällen, durch Ausscheidung des Individuellen, abstrahirt wird und also gewissermassen das Gesetz, den Massstab abgiebt, mit welchem das Einzelne gemessen wird. So betrachtet, giebt es eigentlich gar keine atypischen Fälle. Was nicht unter die Breite des Typus fällt, gehört dann überhaupt nicht unter die Geisteskrankheiten.

dem von mir aufgestellten Schema ablaufen und dass einzelne Ausnahmen nur dadurch entstehen, dass wir entweder den Anfang nicht mitbeobachten oder den Kranken nicht bis an das Ende seiner Laufbahn begleiten konnten, letzteres namentlich dann nicht, wenn in einem früheren Stadium die Krankheit erlosch (Heilung) oder durch Tod geendigt wurde. Treten die eben genannten Bedingungen aber nicht ein, so können wir von einem Wahnsinnigen ganz bestimmt sagen, dass er in einer nicht zu bestimmenden Zeit verwirrt und schliesslich blödsinnig werden werde. Folgerichtig kann man also von einem Blödsinnigen behaupten, dass sein Zustand ein secundärer sei, dem ein Zustand der Verwirrtheit, resp. des Wahnsinns vorhergegangen sei. Von dem schon in den ersten Lebensjahren entstandenen Blödsinn (Idiotismus) darf hier nicht die Rede sein, da es sich hierbei nicht um Psychose, sondern um Bildungshemmung handelt, wodurch ich mich schon früher berechtigt glaubte, den Idioten nicht als einen Kranken, sondern als eine nachträgliche Missgeburt zu bezeichnen.

§ 115.

Ehe ich mich anschicke, eine mehr ins Einzelne gehende Schilderung der einzelnen Krankheitsstadien zu entwerfen, sei es mir gestattet, ein Wort über das sogenannte Stadium der Vorboten, von denen so viel die Rede ist, vorauszuschicken. Am liebsten möchte ich diesen Ausdruck ganz aus der Naturwissenschaft verbannen. Die exacte Physik und Chemie kennen diesen Ausdruck auch nicht. Sie kennen nur Bedingungen, unter denen ein Ereigniss, eine Erscheinung stattfinden muss. Sind die Bedingungen gegeben, so muss die Erscheinung erfolgen, so dass also zwischen Bedingung und Erscheinung das Verhältniss von Ursache und Wirkung besteht. Da giebt es keine Vorboten. Ein Krankheitsprocess hat entweder begonnen und dann ist es mit den Vorboten vorbei oder er hat noch nicht begonnen; dann ist das Individuum gesund und kann also keine Erscheinungen aufweisen, die als Vorboten gedeutet werden können. Wir dürfen also im strengen

Sinne des Wortes von Vorboten überhaupt nicht sprechen, sondern höchstens von Anfangserscheinungen und nur weil diese oft so klein sind, dass sie sich unsrer Beobachtung entziehen, oder so unbestimmt sind, dass sie noch keine Deutung dessen, was da kommen wird, zulassen, sprechen wir von Vorboten. Sie sind eigentlich nicht wirkliche (natürliche) Vorboten, sondern nur der Ausdruck der Unvollkommenheit unsres Wissens.

§ 116.

Wenn also die grosse Mehrzahl der Schriftsteller von einem Vorbotenstadium der Psychosen spricht und dieses im Allgemeinen als ein melancholisches bezeichnet, so fällt es mir gar nicht ein, die Richtigkeit dieser Beobachtungen in Zweifel zu ziehen, formulire aber die betreffenden Thatsachen dahin, dass der Beginn aller Psychosen eine gewisse Familienähnlichkeit aufweist, deren Eigenthümlichkeit man mit dem Beiworte „melancholisch" bezeichnet. Es frägt sich also vernünftigerweise nur darum, ob dieser Zeitraum der Krankheiten den Namen eines Vorstadiums verdient und woher es komme, dass dies sogenannte Vorstadium in den verschiedensten Fällen immer den gleichen Charakter der Depression (Melancholie) trägt. Den zweiten Punkt erkläre ich mir folgendermassen. Die Krankheiten haben das mit den organischen Wesen gemein, dass sie sehr klein beginnen, dann fortwachsen und erst auf einer gewissen Höhe des Wachsthums erkennbar werden. Sie können in ihrer Kleinheit deswegen schon gross genug sein, um die Harmonie der Functionen zu stören, aber noch nicht gross genug, um in die Klarheit des Bewusstseins zu kommen. Ihr Resultat wird also für das Bewusstsein nur ein dunkles unverständliches Störungsgefühl sein. Grade um der Dunkelheit der Empfindung willen wird das Gemüthsleben gedrückt, beunruhigt werden, und dieses unklare Druckgefühl wird den Charakter der Melancholie tragen müssen. Es handelt sich also streng genommen nicht um ein Vorbotenstadium, sondern um den wirklich schon stattgehabten Beginn der Krankheit, die nur noch nicht klar von

dem Träger, resp. dem Beobachter erkannt wird. Dies in Bezug
auf die erste der oben aufgestellten Fragen.

§ 117.

In den §§ 39—51 ist erwähnt worden, wie es vorkommt, dass
ein einzelnes psychisches Krankheitselement das Hauptprincip einer
eigenthümlichen Krankheitsform (Melancholie) abgeben kann. Es
ist auch dort angedeutet, wie dies Grundelement die Veranlassung
zur Entwickelung anderer Elemente (Wahnvorstellungen, Hallucinationen) geben kann.

Es würde sich jetzt, nachdem wir uns über den Verlauf aller
Formen nach gemeinsamen Stadien ausgesprochen haben, fragen,
ob das in letzterer Beziehung Aufgestellte sich auch an der Melancholie bewähre. Und da muss man aufrichtig gestehen, dass,
wie die Paralyse das beste Paradigma für unsere Auffassung ist,
die Melancholie als das ungeeignetste erscheint, mit anderen Worten, dass die Melancholie nur in seltenen Fällen in ihrem Verlaufe
unseren Stadien entspricht. Die Gründe für diese Abweichung
scheinen mir folgende: 1) Es giebt sehr viele Fälle, bei denen es
einfach bei den Druckerscheinungen bleibt und es gar nicht zur
Entwickelungsepoche von Wahnvorstellungen kommt, wo also der
eigentliche Wahnsinn und natürlich auch seine Folgestadien aus-
bleiben. Dies hat schon Esquirol richtig herausgefühlt und deshalb für die Melancholie mit Wahnvorstellungen den speciellen
Namen Lypemanie eingeführt und sie damit seiner Klasse Manie
subsummirt. 2) Sehr in's Gewicht fällt der Umstand, dass die
blos durch die gedrückte Stimmung gekennzeichnete Melancholie
zu den leichtesten Formen der Seelenstörung gehört, die nach
kürzerer oder längerer Zeit von selbst heilen oder geheilt werden
und es daher zur Entwickelung resp. Beobachtung späterer Stadien
gar nicht kommen kann. 3) Ist anzuerkennen, dass wenn aus dem
einfachen Druck sich Wahnsinn entwickelt, der weitere Verlauf
auch unserem Schema entspricht und den Uebergang in Verwirrtheit und Blödsinn durchmacht. Und aus alledem geht hervor,

dass die Melancholie keine beachtenswerthe Ausnahme von unserer Regel macht.

§ 118.

Schon im § 111 ist auf die Entwickelung des Egoismus (nicht im landesüblichen moralischen Sinne des Wortes, sondern als hervorragende Beziehung auf das eigene Ich angesehen) hingezeigt worden. Wenden wir dies auf melancholische Zustände an, so wird der Kranke, der ja im Beginne noch Verstand genug hat, um überlegen zu können, nach den Ursachen der massenhaft auf ihn einströmenden unangenehmen Empfindungen forschen. Findet er diese Ursachen nicht in der Aussenwelt, so wird er sie durch seine Phantasie ersetzen. Er wird dann überhaupt Alles auf seine Person beziehen. Der Prediger auf der Kanzel spricht zu ihm oder von ihm, auf der Bühne wird seine Geschichte gespielt, auf der Strasse sieht ihn jeder verdächtig an, spuckt Einer auf der Strasse aus, so hat er vor ihm ausgespuckt u. s. w. Da dieser Zustand den geeignetsten Boden für die Hallucination abgiebt, so kann man auf das Erscheinen derselben mit grösster Bestimmtheit rechnen. Der Kranke denkt dann diese Dinge nicht mehr, sondern er sieht und hört sie. Der Kranke hört dann, dass er geschimpft und bedroht wird, er hört, wie seine Frau (sein anderes Ich) vor der Thüre mit dem Wärter Unzucht treibt, er hört den Spektakel auf der Strasse, der ihm die Nachtruhe rauben soll. Er fühlt sich folgerichtig von unbekannten Gegnern verfolgt und gequält. Die Mittel, deren sich seine Feinde bedienen, sind verschieden nach den Zeitläuften. Früher waren es Hexenkünste, der Teufel selbst musste herhalten (Dämonomanie), jetzt ist die Reihe an der Electricität, den Telegraphen, den Wasserleitungsröhren u. s. w. Der Kranke ist von der Wahrheit seiner Vorstellungen so durchdrungen und von dem Wunsche nach Erlösung von seinen Leiden so beherrscht, dass er sich an die Behörden wendet, um Hilfe bittet, bei dieser Gelegenheit aber manchmal als das erkannt wird, was er ist.

Die eben geschilderte Symptomengruppe kommt so häufig vor

und die einzelnen Fälle ähneln einander so, dass man aus ihnen unter dem Namen Verfolgungswahn eine eigene Form gebildet und auch allgemein acceptirt hat. Diese Form, die übrigens eine ziemlich schlechte Prognose hat, verläuft nach dem von mir aufgestellten Schema. Eine specifische Behandlung giebt es für sie nicht. Die Krankheit scheint häufiger bei Männern als bei Frauen zu sein, was wohl in den vielfacheren Beziehungen zur Aussenwelt bedingt ist. Bei den Frauen mischen sich constant geschlechtliche Vorstellungen mit ein (es werden ihnen unanständige Zumuthungen gemacht, sie werden im Schlafe gemissbraucht, ihre Töchter werden verführt u. dergl. m.).

§ 119.

Wenn wir auch uns bemüht haben, die bisher üblichen Namen der Psychosen nicht als Bezeichnung geschlossener psychischer Krankheitsformen, sondern als Entwickelungsstadien aller ausgebildeten Formen darzustellen, so sind wir dadurch nicht der Pflicht enthoben, eine speciellere Schilderung dieser Stadien zu entwerfen, damit der Arzt dadurch in den Stand gesetzt werde, zu entscheiden, womit er zu thun habe. Sollte dann einmal eine Zeit kommen, in welcher wir mit der Aufstellung von Krankheitseinheiten mehr Glück haben, als uns bisher zu Theil wurde, so wird dieser Fortschritt mit meiner Auffassung nicht im Widerspruche stehen, sich vielmehr leicht mit ihr verbinden, falls es ihr überhaupt gelingen sollte, sich in den Köpfen der Irrenärzte einzubürgern.

§ 120.

Haben die uns so gut wie unbekannten inneren Bedingungen zur Entwickelung einer Psychose angefangen zu wirken, so wird der Kranke zunächst nur ein dunkles Gefühl eines Unbehagens haben, welches sich eben um seiner Dunkelheit und Unerklärlichkeit willen in einzelnen Fällen bis zur Angst steigern kann. Kommt es nicht bis zur Angst, so wird der Kranke doch eine verminderte Leistungsfähigkeit fühlen, die ihm Alles, was er sonst mit Leichtigkeit und mit voller Zweckerreichung vollführte, jetzt zur Last macht.

Der Beamte wird mit seinem Pensum nicht fertig, dem Kaufmann will seine Rechnung nicht stimmen, der Kopist fängt an zu sudeln, der Tischler verschneidet das Holz und kann den Tisch nicht fertig bekommen, die Hausfrau verliert die Lust, ihre Kinder zu waschen und sich um die Küche zu bekümmern u. s. w. Diese Differenz zwischen den Ansprüchen, welche das Leben macht, einerseits und der gesunkenen Leistungsfähigkeit andererseits macht die Kranken verstimmt, ungeduldig, reizbar, zu starker Erregung geneigt und leicht zu massloser Heftigkeit übergehend, so dass das Zusammenleben mit ihnen eine Qual wird, welche der Umgebung es nahe legt, ärztliche Hilfe zu requiriren. Der ärztliche Rath ist meistens, man muss den Muth haben es auszusprechen, ein nachtheiliger. Es wird von nervöser Aufregung und von nothwendiger Zerstreuung gesprochen und nicht danach gefragt, ob der Kranke zerstreuungsfähig ist oder nicht. Unter Zerstreuung versteht man dann Gesellschaften, Theater, Concerte. Nichts regt den Kranken mehr auf als die genannten Mittel. In der Gesellschaft incommodiren ihn die vielen vergnügten Gesichter; er fürchtet, durch sein Wesen aufzufallen, sucht durch forcirte Heiterkeit (die ihm schwer genug ankommt) zu imponiren, wird übelnehmerisch, verwickelt sich in Händel u. s. w. So geräth er immer mehr vom richtigen Wege ab und ist auf dem besten Wege, Wahnvorstellungen in sich auszubrüten, wie sie seiner wechselnden Stimmung entsprechen, und nimmt so der Aussenwelt gegenüber eine schiefe Stellung an. In diesem Zeitraume beginnt auch die Bildung von Hallucinationen, die seinen Wahnvorstellungen noch mehr Kraft verleihen. Charakteristisch für diesen Zeitraum ist das gesteigerte Selbstgefühl des Kranken, der geneigt ist, sich nach allen Richtungen zu überschätzen, wodurch in manchen Fällen sogar etwas an Grössenwahn Erinnerndes zu Tage kommt. Doch sind es hier meist einzelne Vorstellungen, die, wenn auch über die Wirklichkeit hinausgehend, sich doch innerhalb der Grenzen der Möglichkeit bewegen, während der echte Grössenwahn sich über alle Richtungen des menschlichen Lebens verbreitet und am liebsten im Unmöglichen verweilt.

Kopfschmerzen, Kopfcongestionen fehlen fast nie, Appetitlosigkeit und retardirte Verdauung sind ganz gewöhnlich. Schlechter
Schlaf, schnelle Abmagerung, kranke Hautfarbe können gleichfalls
als constant angesehen werden. während es zu eigentlich fieber-
haften Erscheinungen verhältnissmässig selten kommt. Der Puls
bietet selten und dann inconstante Abnormitäten dar.*) Den hier
geschilderten Zustand (das erste Stadium der Psychosen) bezeichne
ich mit dem Worte „Wahnsinn". Vergl. § 112.

§ 121.

Zu dem eben geschilderten Zustande gesellt sich häufig ein
weiterer hinzu, der hier gleich erwähnt werden mag. Es ist schon
bemerkt worden, dass die sich einstellende gemüthliche Reizbarkeit
in heftige gewaltthätige Reactionen nach aussen hin übergehen
kann (Uebertragung des Gefühls auf die motorische Sphäre). Nun
giebt es aber Fälle, in denen die Miterregung der motorischen
Sphäre der äusseren Anregung nicht bedarf, sondern die Verstimmungs-
gefühle schon ausreichen, den unwiderstehlichen Trieb nach Bewegung hervorzurufen oder, wie man sich jetzt moderner auszudrücken beliebt, auszulösen. Dann wird der Kranke reine Action.
In manchen derartigen Fällen gelingt es noch, zwischen den Vorstellungen des Kranken und seiner Thätigkeit einen Zusammenhang
zu constatiren. Dies kommt beispielsweise bei dem acuten Delirium
der Alcoholtrinker vor, die rastlos ihre Lagerstätte zerwühlen, um
einen dort versteckten Hund oder ein Kind herauszuwühlen; die
mit dem Kopfe gegen die Wand rennen, um in die vermeintlich
nahe Trinkstube zu gelangen, oder an die Thür donnern, um ihre
Kleider wiederzuerlangen. In der Regel aber sind derartige Kranke
nicht mehr im Stande, über die Ursache ihres Gebahrens Aufschluss zu geben und der Beobachter bleibt nur auf Vermuthungen

---

*) Als Staps auf Napoleon geschossen, glaubte dieser, dass St. mög-
licherweise verrückt sein könnte und beauftragte seinen Leibarzt Corvisart,
ihm den Puls zu fühlen. Risum teneatis amici!

angewiesen. Dem sei aber wie ihm wolle, der Kranke entwickelt
einen rastlosen Thätigkeitstrieb und setzt dazu seine sämmtlichen
Muskeln in Bewegung. Er rennt hin und her, sucht mit Händen
und Füssen möglichst viel Lärm zu machen, schreit, singt, ruft,
zerstört, was in seine Nähe gelangt, und erfordert zum Schutze
gegen sich selbst und gegen Andere die ausgedehntesten Schutz-
massregeln.

Dieser Zustand, den man als Tobsucht (furor) bezeichnet,
kommt gelegentlich im Verlaufe verschiedenartiger Krankheitsformen vor und fehlt auch im ersten Stadium der uns schon bekannten „Paralyse" nicht. Am häufigsten und ausgebildetsten ist
er bei den acuten Alcoholzuständen und nicht selten bei der Geisteskrankheit, von welcher junge Mädchen während der Entwickelungs-
jahre befallen werden. Ueber die eigenthümliche Beziehung der
Tobsucht zur Epilepsie wird noch gesprochen werden.

§ 122.

Wenn man sich das eben gezeichnete Bild der Tobsucht vergegenwärtigt, so sollte man glauben, dass die Kranken in ziemlich
kurzer Zeit aufgerieben werden müssten. Dies ist aber in Wirklichkeit nicht der Fall. Oft bleibt die Verdauung intact und dann
kann auch der tobsüchtigste Zustand viele Monate dauern, ohne
das Leben des Kranken zu gefährden. In anderen Fällen, namentlich wenn der Kranke vor Aufregung nicht zum Essen kommt,
geht es schnell. Gewöhnlich fangen dann kleine Hautwunden, die
der Kranke bei seinem Toben sich zugezogen hat, an zu eitern
und wollen nicht heilen, es bilden sich Abscesse, Decubitus, Fieber etc. und der Kranke geht zu Grunde. Gehirnentzündung wird
bei der Section nicht gefunden.

Ueber die Ursachen, welche dem Wahnsinne die Tobsucht
hinzugesellen, wissen wir nichts.

§ 123.

Nach dieser Abschweifung in das Gebiet der Tobsucht kehren
wir zu unserem Hauptgegenstande zurück und fragen jetzt nach

den Ausgängen resp. dem weiteren Entwickelungsgange des Wahnsinns. Der Wahnsinn kann übergehen 1) in Heilung. In diesem glücklichen und nicht gerade seltenem Falle lassen sämmtliche Erscheinungen an Intensität allmälig nach, während als wichtigstes Zeichen eine Besserung in Bezug auf den Schlaf und gleichzeitig ein Wiedererwachen des Appetits und eine Normalität der Verdauungsfunctionen sich manifestirt. Die Wahnvorstellungen schwinden, werden richtig als solche erkannt und der Kranke begreift nicht, wie er sich „solch tolles Zeug" habe einbilden können. Der Kranke bekommt etwas Kindlich-Naives in seinem ganzen Wesen, lebt mit der ganzen Welt in Frieden. In einzelnen Fällen dauern die Sinnestäuschungen, wenn auch in gemildertem Grade, noch fort, werden aber als solche erkannt und üben nicht mehr den früheren deprimirenden resp. aufregenden Einfluss. Der Reconvalescent fühlt sich glücklich und blickt mit Heiterkeit in die Zukunft. Der Appetit ist manchmal riesig und der Kranke zeigt in der ersten Zeit nach überstandener Krankheit Neigung zum Fettwerden, kehrt aber im weiteren Fortschritt der Genesung zu seiner ursprünglichen Constitution zurück. Zum Begriffe der Genesung gehört das volle Bewusstsein des Krankgewesenseins und die volle Kritik der Wahnvorstellungen. Dass der wirklich Genesene eine andere Art von Puls aufweise, als der nur scheinbar Genesene (Remission), kann noch nicht als Thatsache angesehen werden.

Wir haben schon mehrfach Gelegenheit gehabt, gewaltsamer Handlungen zu gedenken, welche von Irren begangen und deshalb nicht zu den Vergehen oder Verbrechen im gewöhnlichen Sinne des Wortes gerechnet werden, auch dem Thäter, wie man sich ausdrückt, nicht zugerechnet werden können. Wenn dieses Vorganges hier noch specielle Erwähnung geschieht, so liegt der Grund nicht auf Seiten der Pathologie. Wenn es (§ 54) Seelenzustände giebt, bei denen die Verzweiflung den Kranken bis zum Selbstmorde treibt, so wird es natürlich auch solche Zustände geben, bei denen der von der erkrankten Vernunft nicht mehr gezähmte Trieb nach Action auch zu Angriffen auf andere Personen sich richtet und dann zu Mord und Todschlag führen kann. Der Umstand, dass Fälle bekannt geworden, bei welchen die Unterhaltung mit den Kranken vor und nach der That einen Intelligenzdefect nicht erkennen lässt, hat schon Platner veranlasst, von einer amentia occulta zu sprechen; er hat also mit seinem Scharfblick wohl erkannt, dass es sich hier um eine Geistesstörung handelt und dass das occulta ein Fehler der Umgebung ist. Viel oberflächlicher hat Pinel diese Zustände beurtheilt und sie unter dem ganz unzulässigen und nur zu Verwirrungen führenden Namen marue sans délire zusammengefasst. So fand sein Schüler Esquirol die Sache und machte aus ihr eine neue Form der Seelenstörung, die Monomanie homicide, also eine Seelenstörung, deren Specificität in einer unwiderstehlichen Neigung zum Todtschlagen bestehe. Es ist interessant, zu sehen, wie Equirol, nachdem er die ihm bis dahin (1818) bekannten Fälle analysirt, zu dem Schlusse gelangt, dass in allen Fällen Wahnvorstellungen (délire) vorlagen, und dass also die Aufstellung einer besonderen Form nicht begründet sei. Denn die incriminirten Handlungen waren nicht die Folgen eines blinden Triebes, sondern hatten Motive, welche aus den Wahnvorstellungen entnommen waren. Hierin hatte er recht. Wollte man die Mordmonomanie annehmen, so müsste man so viele Manien annehmen, als es unnütze und gefährliche Handlungen der Irren giebt, also beispielsweise eine Thüranklopfungsmonomanie, eine Fenstereinschlagungsmonomanie u. s. w. Man sieht wohl, dass man dadurch der Lächerlichkeit verfallen würde. Nachdem indessen Esquirol neue Fälle beobachtet hat, kehrt er wieder zu seiner alten Theorie zurück. Leider sind die Fälle nicht von der Art, um die alte Theorie zu begründen, sondern laufen bei ruhiger Betrachtung darauf hinaus, dass man es eben mit Wahnsinnigen zu thun hatte, die aus unbekannten Motiven dies und jenes thun, was sie mit dem Strafgesetze in Conflict bringt. Uebergehen wollen wir nicht, dass zwei von den mitgetheilten Fällen ganz geeignet sind, den Pathologen stutzig zu machen. Es handelt sich nämlich um 2 Mädchen, die in dem Alter von circa 7 Jahren, anscheinend vernünftig, aber doch sehr abnorm, den Wunsch aussprachen, ihre Eltern zu tödten, ohne dafür nur den Schimmer eines Motives beizubringen. Auf so sehr seltene Fälle darf man aber keine Theorien gründen. Auch wolle man nicht übersehen, dass diese beiden Fälle in etwas theatralisch aufgeputztem Gewande erscheinen und daher mit einiger Vorsicht aufgenommen werden wollen.

§ 124.

Ein ähnliches Schicksal hat eine andere Monomanie gehabt, welche auf deutschem Boden entsprungen ist, ich meine den Brandstiftungstrieb (Feuerschaulust, monomanie incendiaire u. s. w.). Gegründet wurde diese Anschauung durch die von Klein und Osiander zuerst besprochene Thatsache, dass unter den jugendlichen (bes. ländlichen) Brandstiftern vorzugsweise Mädchen mit retardirter oder überhaupt unregelmässiger geschlechtlicher Entwickelung sich befanden. Uebrigens war Platner in der richtigen Beurtheilung derartiger Fälle schon voraufgegangen, indem er für einige seiner Beurtheilung unterliegenden Fälle die Zurechnungsunfähigkeit der Angeklagten nachwies. Zur Zeit, als die Monomanien Mode wurden, bemächtigte man sich der Thatsachen und schuf den Brandstiftungstrieb, von dem dann auch vor dem Kriminalrichter fleissig Gebrauch gemacht wurde. Historisch will ich bemerken, dass nach der allgemein verbreiteten Meinung Casper das Verdienst gehabt hat, diesem Missbrauche ein Ende zu machen. Ich trete dem entschieden entgegen. Casper's Verdienste um die gerichtliche Medicin überhaupt und um die gerichtliche Psychologie insbesondere sind so gross, dass man die kleine Arbeit über den Brandstiftungstrieb, die ein ganz seichtes Machwerk und des scharfsinnigen Mannes ganz unwürdig ist, ganz gut mit in den Kauf nehmen kann. Ein wahres Verdienst hingegen hat sich W. Jessen jun. durch eine überaus fleissige Zusammenstellung und vorurtheilsfreie Beurtheilung einschlägiger Fälle erworben und den Beweis geführt, dass den jugendlichen Brandstiftern in einer sehr auffallenden Majorität die Entschuldigung einer erkennbaren und nachweisbaren Geistesschwäche zur Seite steht. Es war daher hohe Weisheit, wenn die Berliner wissenschaftliche Deputation seiner Zeit zu der Anordnung den Anstoss gab, nicht, wie wiederholt ausgesprochen worden ist, dass alle jugendlichen Brandstifter wegen Brandstiftungstrieb freigesprochen, sondern dass deren Geisteszustand ex officio untersucht werden solle, und ich sehe nur einen Rückschritt darin, dass es Casper's Einflusse gelungen ist, diese Verfügung wieder rückgängig zu machen.

§ 125.

Der Vollständigkeit wegen erwähne ich hier noch die Diebstahlssucht (Kleptomanie), die sich allerdings nie einer besonderen Beliebtheit erfreut hat. Wahr ist es, dass unter Umständen Diebstähle, und zwar fortlaufende, von Personen begangen werden, die mit Rücksicht auf ihren Bildungsgrad und bequeme sociale Lage schlechthin unbegreiflich sind und bei denen dann der Gedanke an eine erkrankte Psyche nahe liegt. Gab es doch Zeiten, in denen die Schwangerschaft ein Entschuldigungsgrund für den Diebstahl war. Im § 83 ist schon erwähnt, dass in den Anstalten die Irren nicht ganz selten sind, welche die Neigung haben, Alles an sich zu nehmen, was ihnen vorkommt. Etwas Aehnliches kommt zuweilen bei Paralytikern im Ausbruchsstadium vor, die bei ihren vielfachen (meist unbezahlten) närrischen Einkäufen oft auch noch heimlich Gegenstände mitgehen heissen. Das ist aber auch Alles. Eine Krankheit, die als specifisches Kennzeichen die Stehlsucht in ihrem Gefolge hätte, giebt es nicht.

§ 126.

Dass der Wahnsinn auch direct in den Tod übergehen könne, liegt auf der Hand. Dies ist im Ganzen nicht häufig und erfolgt meistens nur dann, wenn durch die ungeheuere continuirliche psychische Erregung und durch Verschwendung der Muskelkraft bei gleichzeitig gesunkener Nahrungsaufnahme und Verdauungskraft eine schnelle Erschöpfung (Inanition) eintritt, in welcher der Kranke oft ganz unerwartet durch Herzlähmung stirbt. Der Wahnsinnige kann 2) sterben durch Selbstmord. Vermuthen kann man dies

Ende, wenn der Vorstellungskreis ein höchst deprimirender, angst-
voller ist, der Kranke von Selbstmord spricht und schwächliche
Versuche dazu macht. Die sehr verbreitete Ansicht, dass der Selbstmord dann nicht zu befürchten ist, wenn der Kranke zu seiner
Umgebung von dem Vorsatze zur That spricht, beruht auf einem
Vorurtheil. Zu erwähnen bleibt noch die Schlauheit und Zähig-
keit, mit der solche Kranken ihr Vorhaben ausführen und nach
mehrmals vereitelten Versuchen endlich doch zur That schreiten.
Endlich mache ich noch darauf aufmerksam, dass, wie mir scheint,
der Selbstmord meistens nicht auf der Höhe der Krankheit, sondern erst bei einem gewissen Grade von (anscheinender) Besserung
und zu einer Zeit vollführt wird, wo der Kranke sich schon
ein gewisses Maass von Zutrauen bei seiner Umgebung erworben hat.

Was die Behandlung des Wahnsinns betrifft, so hat man sich
früher durch das acute stürmische Auftreten der Krankheit vielfach
zur Antiphlogose verleiten lassen und hat dieser Ansicht zu den
Zeiten des Broussais sogar einen wissenschaftlichen Anstrich gegeben. Jetzt sind von dieser Methode namentlich die Blutentziehungen
(Aderlässe und locale) vollständig in Misscredit gerathen. In Bezug auf locale Blutentziehungen ist man damit, wie mir scheint,
zu weit gegangen. Hier ist noch ein Feld zu fernerer Forschung.
Beibehalten hat man die Anwendung der Kälte auf den Kopf, die
bei sehr stürmischen Kranken leider sehr schwer und nie mit Consequenz durchzuführen ist. Neu, aber sehr zu empfehlen ist die
consequente Anwendung lauwarmer, längerer Bäder, die leider auch
auf praktische Schwierigkeiten stösst. Innere specifische Beruhigungsmittel giebt es nicht; das Zincum aceticum lässt im Stiche und
selbst von der in England so hoch gefeierten und wohl dort auch
stark gemissbrauchten Tinctura Digitalis habe ich keine aufmun-
ternden Erfolge gesehen. Opium steigert die Reizung, Morphium-
injection wirkt wenig und jedenfalls nur kurz. Chloral in zag-
haften Dosen lässt im Stiche, dreiste Dosen halte ich für nicht
unbedenklich. Nur bei einer Form des Wahnsinns (dem Delirium

5*

tremens) halte ich es für specifisch und für eine wahrhafte Bereicherung unseres Arzneischatzes.

§ 127.

Tritt weder Genesung noch Tod ein, so folgt die weitere Entwickelung der Krankheit nach den von mir schon oben (§ 111 ff.) angegebenen Richtungen. Dieses kann erfahrungsgemäss auf zweierlei Art geschehen. 1) Die Gesammtkrankheit lässt an Intensität nach, die Verstandeskräfte ordnen sich allmälig wieder, es bleiben aber von den während der Höhe der Krankheit gebildeten Wahnvorstellungen einzelne Reste, die der Verstand in ihr Nichts aufzulösen nicht im Stande ist. Dann bilden sich die Zustände, welche man als delirium circa unam rem, vulgo fixe Idee bezeichnet, für die ich die Bezeichnung „Heilung mit Defect" eingeführt habe, welche jetzt ziemlich allgemein angenommen ist. Merkwürdig ist dabei, dass dieser Zustand in unseren Zeiten sehr viel seltener zur Beobachtung kommt, als dies früher der Fall gewesen sein muss. Die Hauptanekdoten dieser Art stammen aus dem Alterthum (der Mann mit den gläsernen Beinen, der verschluckte Heuwagen) und werden von Buch zu Buch rastlos abgeschrieben, aber nicht durch neue Thatsachen vermehrt. Vielleicht liegt der Grund dieser Erscheinung darin, dass man jetzt genauer beobachtet und in analogen Fällen neben der sogenannten fixen Idee noch eine Menge anderer pathologischer Erscheinungen findet, welche beweisen, dass es sich nicht blos um die „fixe Idee", sondern um einen sehr complicirten psychischen Zustand handelt. 2) Die zweite Fortentwickelung zeigt sich dadurch, dass die Verstandeskräfte schwächer werden, das Vermögen einbüssen, die Gedanken nach Willkür hervorzurufen, sie wieder verschwinden zu lassen und andere zweckmässige an ihre Stelle zu setzen und dass an Stelle der Logik die Willkür tritt. Mit derartigen Kranken kann man zwar sprechen, aber nicht ein Gespräch über einen bestimmten Gegenstand führen, besonders dann nicht, wenn zu der Besprechung Verstand erfordert wird. Man kommt mit ihnen nicht von der Stelle und nie zum Ziele.

Sie schweifen fortwährend von dem Gegenstande ab, vergessen, wovon die Rede ist, und lassen dafür nur zufällige, blos in ihrer persönlichen Erinnerung vorhandene Beziehungen treten. Diesen Zustand bezeichne ich als „Verwirrtheit", weil ich den jetzt so häufig gebrauchten und viel bestrittenen Namen „Verrücktheit" nicht gebrauche. Die Bilder, die man bisher für die Species Verrücktheit aufgestellt hat, sind mir viel zu unbestimmt und verschwommen, als dass man damit als pathologischer Einheit rechnen könne. Dass Manches davon sich unter meine „Verwirrtheit" subsummiren kann, gebe ich gern zu, protestire aber dagegen, dass man beide Begriffe als identisch betrachtet. Was ich unter Verwirrtheit verstehe, glaube ich ganz präcise und für Jeden verständlich entwickelt zu haben.

Der Streit, der in neuester Zeit von den Journalisten darüber geführt wird, ob es eine primäre Verrücktheit giebt oder nicht, hat für mich schon deshalb kein Interesse, weil die streitenden Parteien bisher nicht im Stande waren, oder es nicht der Mühe für werth erachtet haben, von ihrer „Verrücktheit" ein so präcises Bild aufzustellen, dass man es in der Natur mit Leichtigkeit wiedererkennen (diagnosticiren) könnte. Was kann da aus der Discussion herauskommen? Von meiner „Verwirrtheit" müsste man a priori schon voraussetzen, dass sie nicht primär sein könne. Doch muss ich bekennen, dass es gewisse, seltene und mir noch unverständliche Zustände giebt, die der Erscheinung nach hierher gehören, denen aber ein Stadium des Wahnsinnes nicht voraufgegangen ist. Ich meine das sogenannte delirium traumaticum, welches zuweilen nach chirurgischen Operationen urplötzlich auftritt, psychisch den Charakter der Verwirrtheit trägt und meistens schon nach Stunden, jedenfalls nach wenigen Tagen durch Schlaf (Opium) zum Verschwinden gebracht wird.

§ 128.

Es giebt eine Wahnsinnsform, die wir in Bezug auf ihre ursächlichen Beziehungen noch am besten kennen und die manches Eigenthümliche hat, so dass wir hier von einer speciellen Form des Wahnsinns sprechen können. Wir bezeichnen sie als acute Form des Alcoholdeliriums (delirium tremens) und drücken dabei unsere Verwunderung darüber aus, dass gerade diese Form so wenig von den Psychiatern berücksichtigt wird. Der Grund dieser auffallenden Erscheinung liegt wohl zumeist darin, dass die Vorsteher der (öffentlichen und privaten) Anstalten fast nie derartige Fälle zu Gesichte bekommen, während städtische Irrenanstalten unter dem Ueberflusse daran schwer leiden. Zuvörderst machen wir darauf aufmerksam, dass unser acutes Delirium nicht mit dem Zustande des Rausches verwechselt werden darf. Der Rausch entsteht schnell, auch bei vorher ganz gesunden Individuen, während des Genusses des berauschenden Getränkes. Der Erfolg ist dabei individuell sehr verschieden und während der Eine dabei in Schwermuth verfällt, weint und zu sterben verlangt, ist der Andere ausgelassen heiter und überspringt alle conventionellen Schranken, während der Dritte reizbar, zanksüchtig wird und sich selbst zu gewaltsamen Handlungen hingerissen fühlt (Alexander und Clitus). Allen aber ist die kurze Dauer des Zustandes gemeinsam. Ein längerer Schlaf, der sich von selbst einstellt, löst die Katastrophe und hinterlässt nur noch gastrische Symptome. Das Delirium tremens dagegen entsteht ohne Ausnahme nur bei solchen Individuen, welche durch langfortgesetzten Alcoholmissbrauch den Grund und Boden in sich gehörig vorbereitet haben. Das Delirium schliesst sich auch nicht an den letzten Rausch. Im Gegentheil sehen wir in der ungeheueren Mehrzahl der Fälle, dass dem Ausbruche des Deliriums ein längerer oder kürzerer Zeitraum voraufgeht, in welchem die Kranken Widerwillen gegen geistige Getränke bis zur völligen Abstinenz aufweisen.

Dem Ausbruche des Deliriums geht eine Schlaflosigkeit von der Dauer einiger Tage (auch manchmal einiger Wochen) vorauf. Dazu gesellen sich starke nächtliche Schweisse. Die Nächte werden unruhig; der Kranke hat Erscheinungen, die ihn aufregen; er sieht Bekannte, die in sein Zimmer kommen; er glaubt, dass ihm etwas Schreckliches bevorstehe; er verkennt seine Wohnung, sein Bett und führt die lautesten Scandale mit seiner Umgebung auf. Wird er jetzt, was sehr schnell durch die Umstände geboten wird, isolirt, so tritt vorläufig noch keine Beruhigung ein. Es entwickelt sich neben und mit den verschiedenartigsten Wahnvorstellungen ein colossaler Bewegungstrieb, der die Kranken zu sinnlosen Handlungen treibt (Zerstörung des Bettgestelles, Durchwühlung und Umherstreuen des Bettstrohes, Herunterreissen der Bekleidungsgegenstände etc.). Vergl. auch § 121.

§ 129.

Das Delirium tremens ist einer von denjenigen Zuständen, bei welchen die Hallucinationen eine nie fehlende bedeutsame Rolle spielen. Und zwar sind es nicht in erster Linie die auch sonst so häufigen Gehörstäuschungen, sondern namentlich die sonst verhältnissmässig seltenen Hallucinationen des Gesichtssinnes. Wenn sonst überall davon die Rede ist, dass die Kranken hauptsächlich kleine Thiere (Mücken, Fliegen, Mäuse und Ratten) sehen, so bin ich nicht in der Lage, dies bestätigen zu können. Es kommt vor, aber es kommt ebenso oft vor, dass die Kranken Soldaten, Polizisten, Pferde und am häufigsten Hunde zu sehen glauben. Uebrigens sind die Kranken so confus, dass eine Unterhaltung mit ihnen nicht möglich ist, obwohl sie auf starkes Anfragen wohl ein paar richtige Antworten geben, aber nur, um sofort vom Boden der Unterhaltung abzuschweifen. Die Personen ihrer Umgebung verkennen sie vollständig und sehen in dem Arzte gewöhnlich einen Fabrikinspector oder Vorarbeiter. Ueber ihren Aufenthaltsort sind sie vollständig desorientirt, glauben in ihrem gewöhnlichen Arbeitslocale zu sein, geben eine beliebige Strasse als Wohnung an. Werden sie über den Verbleib ihrer Kleider befragt (der Delirant fühlt sich am wohlsten, wenn er ganz nackend ist), so geben sie darüber nur kindischen Aufschluss.

Das Zittern der Hände, von welchem die Krankheit ihren Namen hat, ist durchaus nicht so constant, dass es für die Diagnose der Krankheit verwerthet werden könnte. Ebenso wenig constant ist das Erscheinen von Eiweiss im Urin, obgleich es auf der Höhe der Krankheit häufig ist und beim Eintritt der Reconvalescenz sich bald verliert.

§ 130.

Dies unruhige Gebahren resp. Toben dauert oft mehrere Tage und erschöpft bei gleichzeitiger vollständiger Appetitlosigkeit und dadurch bedingter verminderter Speisezufuhr und der nie fehlenden Schlaflosigkeit die Kräfte sehr schnell. Nach 3—4 Tagen beginnt der Schlaf sich einzustellen, anfangs nur stundenweise und ohne Einfluss auf den Seelenzustand, dann länger (viele Stunden andauernd) und die Lösung der Krankheit herbeiführend. Der Kranke erwacht dann ganz besonnen, wundert sich, wie er in die gegenwärtige Umgebung kam, braucht aber meistens noch mehrere Tage, ehe ihm die vollständige Nichtigkeit seiner Hallucinationen klar wird.

§ 131.

Die ursächlichen Momente sind trotz der Häufigkeit der Krankheit noch ganz im Dunkeln, da der Missbrauch geistiger Getränke nur die Prädisposition bedingt. Beweis dafür ist der Umstand, dass von den Tausenden von Säufern nur eine verhältnissmässig geringe Zahl dem Delirium verfällt. Auch muss ausdrücklich bemerkt werden, dass die alcoholhaltigen Getränke Bier und Wein (die allerdings den Alcohol in viel geringerem Masse enthalten als der Branntwein) nicht zum Delirium führen. Ob in Bezug auf den Branntwein ein erheblicher Unterschied zwischen Aethylalcohol und Amylalcohol herrscht, wie behauptet wurde, ist kaum zu entscheiden, da man die Thatsache, dass Amylalcohol (welcher meistens einen starken Gehalt an Fuselöl hat) und nicht Aethylalcohol genossen worden ist, nachträglich nicht feststellen kann.

§ 132.

Ueber die occasionellen Momente, welche die Prädisposition zum wirklichen Krankheitsausbruche hinüberführen, ist sehr wenig bekannt. So viel steht aber fest, dass gewisse Krankheiten, besonders solche, welche mit hoher Temperatur einhergehen (vor Allem die Lungenentzündung) hier eine wichtige Rolle spielen. Ob die Temperatursteigerung das entscheidende Moment ist, wage ich deshalb noch nicht zu bestimmen, weil noch nicht nachgewiesen ist, dass andere Krankheiten mit hoher Temperatur (Typhus, Erysipelas, acute Exantheme etc.) den gleichen Erfolg haben. An die Lungenentzündung als Gelegenheitsursache schliessen sich aber erfahrungsgemäss schwere Traumen und bedeutende chirurgische Operationen an.

§ 133.

Die Prognose muss, namentlich in einfachen, nicht complicirten Fällen, günstig gestellt werden. Fast alle Kranken werden geheilt. Diejenigen Fälle, welche zum Tode führen, sind immer nur die schwer complicirten, namentlich die mit Lungenentzündung verbundenen. Die Behauptung, dass das Delirium zu Recidiven neige, ist falsch. Der geheilte Delirant ist, wenn er nicht wieder trinkt, zeitlebens vor einem Rückfalle sicher. Trinkt er aber weiter, was fast immer der Fall ist, dann können auch die Folgen des Trunkes wieder eintreten. In solchem Falle ist nicht die Krankheit, sondern der Kranke recidiv geworden.

§ 134.

Mit der pathologischen Anatomie, namentlich so weit sie das Gehirn und dessen Häute betrifft, sieht es noch schwach aus. Die Meinung älterer Schriftsteller, dass es sich hier um gallertartige Ausschwitzung in den Furchen des Gehirns handle, hat im Laufe der Zeiten keine Bestätigung gefunden, wie wohl man ab und zu Spuren von Entzündung der weichen Hirnhäute trifft. Erwogen mag dabei werden, dass jene ältere anatomische Ansicht aus einer Zeit stammt, in welcher das Delirium mit dreisten Gaben Opium behandelt wurde.

§ 135.

In Betreff der ärztlichen Behandlung hatte die Beobachtung schon früher gelehrt, dass es für das Delirium nur eine Krisis gebe, den Schlaf, und es war daher ganz consequent gedacht, wenn man zuerst auf die Anwendung des Opiums verfiel. Mir ist diese Methode stets bedenklich vorgekommen, weil ich in einer Krankheit, welche so entschieden mit Congestionen nach dem Kopfe einhergeht, das Opium fürchten zu müssen glaubte. Nachdem ich in eine Stellung gekommen war, in der ich täglich Deliriumkranke zu behandeln hatte, liess ich längere Zeit die Kranken ohne medicamentöse Behandlung und beschränkte mich auf die Expectative. Natürlich wurden die stets so aufgeregten Kranken auf das Strengste isolirt und vom Branntweingenuss absolut frei gehalten. Der Erfolg war im Ganzen gut, doch vergingen immer mehrere Tage, ehe der ersehnte Schlaf eintrat. Ich würde bei dieser Behandlung geblieben sein, wenn nicht mittlerweile das Chloral entdeckt worden wäre, welches den Schlaf sicherer herbeiführt als Opium und dabei von den unangenehmen Nebeneigenschaften des Opiums frei ist. Fünf Gramm vor Schlafengehen eingenommen sind in der Regel hinreichend, um den erwünschten kritischen Schlaf herbeizuführen. Gelingt dies nicht, so kann man nach etwa 2 Stunden dieselbe Dosis wiederholen; doch ist dies ein Experiment, zu dem ich selten greife. Besser scheint es mir noch, wenn die angegebene Dosis den Zweck nicht erreicht, dieselbe am nächstfolgenden Abende zu wiederholen. Ich sehe selbst in dem Vorhandensein einer Pneumonie keine Contraindication und habe es oft genug erlebt, dass das Delirium verschwand und dann die Pneumonie ihren regelmässigen Verlauf nahm. Im letzteren Falle sich der antiphlogistischen Behandlung anzuvertrauen, scheint mir bedenklich. Gute Erfolge haben wir in solchen Fällen vom Camphor (gr. 0,03) in Verbindung mit Flor. Benzoës (gr. 0,05) gesehen.

§ 136.

Nach meiner Auffassung ist die Verwirrtheit ein secundärer Zustand und ein Beweis, dass die in dem Anfangsstadium stattgehabten Einflüsse (Arznei, moralisches régime, Anstalt und wie sie alle heissen mögen) einen günstigen Einfluss nicht gehabt haben und dass daher die Aussichten auf eine bessere Zukunft immer geringer werden. Wenn ich daher auch eine Heilung der Verwirrtheit nicht für unmöglich halte, so halte ich die Prognose doch für sehr ungünstig. Ich selbst habe von Heilungen in diesem Stadium nicht viel gesehen und kann deshalb in Bezug auf Therapie keine Rathschläge ertheilen. Im Allgemeinen mache ich darauf aufmerksam, dass ausser der strictesten Anwendung aller hygienischen und diätischen Einwirkungen die äusserlichen (Haut-) Reizmittel wohl noch am ersten hier zu Hoffnungen berechtigen. Hierher gehört die (früher zu beliebte und jetzt über Gebühr geringgeschätzte) Einreibung der Autenriethschen Salbe auf eine abgeschorne Stelle des Schädels. Hierher gehört ferner die täglich mehrmals und bis zur Röthung der Kopfhaut fortgesetzte Waschung des Kopfes mit liquor ammonii caustici. Von der Anwendung innerer Mittel ist bis jetzt noch nichts zn erwarten.

§ 137.

Wird die Verwirrtheit nicht geheilt, so entwickelt sich allmälig das dritte Stadium der Psychose, „der Blödsinn" Dieser Zustand ist schwer zu charakterisiren, weil er sich in psychischer Beziehung nur durch negative Zeichen verräth. War in dem Stadium der Verwirrtheit mit dem Kranken noch eine immerhin sehr lockere und unergiebige Unterhaltung möglich, so hört dies beim Blödsinne auf. Die Theilnahme des Kranken ist kaum noch hervorzurufen. Auf Fragen wird kaum geachtet, der Sinn derselben nicht verstanden, die Antwort erfolgt zögernd nach langem Besinnen, oft gar nicht und steht mit der Frage in keinem verständnissvollen Zusammenhange. Der spontane Thätigkeitstrieb erlischt, ein Tag vergeht wie der andere im Nichtsthun und nur die vegetativen Funktionen setzen ihr Spiel fort. Die geselligen Rücksichten auf Andere hören auf, von Scham ist keine Rede, daher die höchste Unsauberkeit und Unreinlichkeit, durch welche die Pflege solcher Kranken eine sehr schwierige Aufgabe wird.

Ausdrücklich muss hervorgehoben werden, dass mit dem Sinken der Intelligenz nicht gleichzeitig ein Erlöschen der Triebe parallel geht. Hierin liegt eine besondere Gefahr, da eben die Controlle des Verstandes fehlt. Der Blödsinnige, wenigstens Viele unter ihnen, ist stets bereit, auf Alles, was ihm unangenehm, mit rücksichtslosester Plumpheit zu reagiren. So kommt es denn, dass die Annalen der gerichtlichen Medicin reich sind an brutalen Handlungen, die von Blödsinnigen verübt worden sind. Gelegentlich will ich bemerken, dass derartige Fälle dem gerichtlichen Arzte ganz besondere Schwierigkeiten für die Beurtheilung darbieten, weil der Beweis für die vorhandene Krankheit sich nur durch negative Zeichen führen lässt. Am besten kommt man noch zum Ziele, wenn man eine Parallele zwischen der Handlungsweise des Blödsinnigen und der Handlungsweise eines Gesunden zieht und aus der sich ergebenden Differenz seine Schlüsse macht.

Ich habe die Charakteristik des Blödsinns mit etwas grellen Farben gemalt und muss jetzt hinzufügen, dass das Gesagte eben nur für die hochentwickelten Grade passt. In der Wirklichkeit giebt es zahllose Mittelstufen, welche die Systematik in bestimmte Unterabtheilungen (Dummheit, Schwachsinn, Blödsinn im engern Sinne) einzuzwängen versucht hat. Nicht mit praktischer Bedeutung, da es sich auch hier nur um Grade handelt, welche durch scharfe Grenzlinien nicht von einander zu trennen sind.

Merkwürdig und für mich kaum erklärlich ist der nicht hinwegzuleugnende Umstand, dass es gar nicht seltene Fälle, allerdings nicht sehr vorgeschrittene Fälle giebt, in denen einzelne Fähigkeiten sich noch hochgradig conserviren können. So wird jede grössere Irrenanstalt einzelne Kunstproducte (beispielsweise Strohflechtereien, kleine Kunstproducte aus Brot) vorzeigen, die von Blödsinnigen angefertigt sind. Aber auch rein geistige Fähigkeiten können sich isolirt erhalten. Dahin rechne ich nicht die poetischen Ergüsse, welche bei entsetzlicher innerer Armuth durch ein künstliches Reimgeklingel imponiren. Ich habe aber gegenwärtig einen schon ganz stumpfen jungen Mann in Verpflegung, der durch eine höchst seltene Schnelligkeit und Präcision im Kopfrechnen Jeden, der ihn sieht, in das höchste Erstaunen versetzt. Das erkläre, wer kann!

§ 138.

Ganz abgesehen von dem auch von mir als secundärer (terminaler) Blödsinn, der nur als Schlussstein langer vorausgegangener Krankheit erscheint, bezeichneten Zustande, ist die Frage discutirt worden, ob es nicht auch einen primären Blödsinn giebt. Bezieht man, wie ich es nicht thue, den sogenannten angebornen Blödsinn mit ein, so kann über das Vorhandensein eines primären Blödsinns natürlich kein Streit sein. Es frägt sich nur, ob dieser primäre (angeborne) Blödsinn in unsern Kreis gehört. Zunächst dürfte die Bezeichnung einer Kritik zu unterwerfen sein. Streng genommen kommen wir Alle blödsinnig auf die Welt, d. h. ohne Ausübung geistiger Fähigkeiten. Auch muss hier gleich bemerkt werden, dass die später als blödsinnig anerkannten Kinder weder bei der Geburt noch überhaupt im ersten Lebensjahre als solche erkannt werden. Erst zu der Zeit, in welcher die Mehrzahl der Kinder die ersten Sprechversuche machen, merkt man an dem Zurückbleiben der Sprache, dass nicht Alles in Ordnung ist. In der grossen Mehrzahl der Fälle wird der Defect erst in der Schule daran erkannt, dass das Kind auffallend hinter seinen Altersgenossen zurückbleibt, das Schwächste in der Klasse ist und den Lehrer durch sein Nichtfortschreiten zur Verzweiflung bringt. Dabei ist das Kind körperlich ganz wohl gebildet und sogar kräftig seinen Jahren angemessen entwickelt. Bemerken muss ich auch noch, dass selbst bedeutende Verzögerungen in der Sprachentwicklung noch keinen Beweis für zu erwartenden Blödsinn abgeben, da man sehr häufig Beispiele davon hat, dass sich derartige Kinder, wenn auch etwas später als andere, sehr gut entwickeln. Es handelt sich also meist nicht um einen angeborenen Blödsinn, sondern um irgend einen Zustand, der als Hemmung für das zu entwickelnde Seelenleben wirkt. Hierbei ist natürlich die Möglichkeit nicht ausgeschlossen, dass dieses Hemmniss sich schon während der Uterinalepoche des Kindes entwickelt hat (Wasserkopf, Fehlen oder Atrophie einzelner Hirntheile etc.) und in diesen Fällen möchte der Ausdruck „angeborner Blödsinn« allenfalls erlaubt sein. Die ungeheure Majorität des vom

Kindesalter datirenden Blödsinns ist auch auf Krankheiten des kindlichen Alters (Kopfverletzungen, Hirnhautentzündung) und namentlich die für die künftige geistige Entwicklung so höchst gefährliche Epilepsie der Kinderjahre zu reduciren. Man nennt die Individuen dieser Kategorie „Idioten" und ihren Zustand den des „Idiotismus".

§ 139.

Es sei auch erwähnt, dass es einzelne Zustände bei Erwachsenen giebt, bei welchen sich der Blödsinn ohne vorausgegangenen Wahnsinn, resp. Verwirrtheit entwickelt. Dahin gehören zunächst Verletzung des Schädels, resp. Gehirns, Tumoren des Gehirns, apoplectische Heerde, nach welchen nichts als eine allmälige Abnahme der Geisteskräfte zu beobachten ist. Auch bei erwachsenen Epileptikern kommt dergleichen vor.

§ 140.

In Bezug auf den anatomischen Befund nach Blödsinn (von der Paralyse der Irren, resp. ihrem letzten Stadium, ist bereits die Rede gewesen) lässt sich Folgendes sagen. Das allen Fällen Gemeinsame besteht in der Atrophie (exacter Gewichtsabnahme) des Gehirns, wobei noch nicht mit Gewissheit festgestellt werden konnte, welcher Theil des Gehirns hier vorzugsweise betheiligt ist.

§ 141.

Hier ist auch die Gelegenheit, von einem andern, dem angebornen Blödsinn nahe verwandten Zustande, dem Cretinismus, zu sprechen. Vom gewöhnlichen Blödsinn unterscheidet er sich durch zwei Punkte. 1) Der Cretinismus ist jedesmal mit abnormer Körperentwicklung verknüpft, der nach dem Thierischen gravitirt. Affenartig lange Arme, unvollständige Streckung der Kniee beim Gehen, auffallend hässliche plumpe Gesichtszüge, unvollständige Entwicklung der Geschlechtsorgane, Geschwulst der Schilddrüse etc. 2) Der Cretinismus hat eine Geographie; er ist an besimmte Localitäten gebunden. Er haust mit Vorliebe in langen, schmalen, der Sonne wenig zugänglichen, von der Civilisation abgeschnittenen Thälern (Schweiz, Tyrol, Sardinien). Die Versuche, ihn auf eine gewisse Bodenart, auf die Beschaffenheit des Trinkwassers zurückzuführen, haben sich durch die betreffenden Untersuchungen nicht bestätigt. Gemeinsam mit dem Idiotismus ist ihm, dass der Zustand nicht bald nach der Geburt des Kindes erkannt werden kann, sondern erst während der ersten Dentitionsepoche. Gemeinsam ist beiden auch, dass sie nicht, im gewöhnlichen Sinne des Wortes, als Krankheitsprocesse, sondern als Missbildungen (Bildungshemmungen) aufzufassen sind.

§ 142.

Dass in beiden Zuständen (§§ 138, 139) eine Heilung nicht zu erwarten steht, liegt auf der Hand und wird hier bloss desshalb erwähnt, weil für beide Klassen öffentliche Heilversuche theils angestellt worden sind, theils heute noch angestrebt werden. Für die Cretins hat ein Dr. Guggenbühl vor einer Reihe von Jahren ein Asyl auf einem hohen Berge in der Schweiz eingerichtet. Ein lobenswerthes Unternehmen vom humanen Standpunkte aus, für welches er ganz Europa zu interessiren versuchte. Als er aber glänzende Heilungsergebnisse ausposaunte und dadurch sachkundige Besucher auf den Abendberg lockte, zerfloss der Glorienschein des Instituts und entpuppte sich als Humbug. Etwas, aber nicht viel besser steht es mit den Idiotenanstalten. Nämlich insofern als die Idioten zwar auch nicht heilungsfähig, doch aber eine gewisse Zahl derselben, namentlich wenn sie zeitig genug den Anstalten zugeführt werden, doch bis zu einer gewissen, wenn auch nur mechanischen Leistungsfähigkeit herangezogen werden können, wodurch die Möglichkeit ihrer Erwerbsfähigkeit (natürlich nicht ganz selbstständig, aber unter Aufsicht) gegeben ist, und die Last, mit der sie sonst auf die Gemeinden drücken, erheblich gemindert und ihre Existenz gebessert wird.

§ 143.

Nachdem wir die Hauptzüge unsrer Auffassung der verschiedenen Entwicklungsstufen im Allgemeinen und soweit es thunlich, auch im Besonderen vorgeführt haben, wenden wir uns jetzt zur Betrachtung der Ursachen der Seelenstörungen. Hier tritt uns zunächst die allgemeinste Frage entgegen, die in Bezug nicht nur auf physische Kranke, sondern in Bezug auf alle Krankheiten aufgeworfen und in verschiedenem Sinne beantwortet worden ist, ob nämlich durch die Zunahme der Civilisation die Krankheiten vermehrt oder vermindert worden sind. Wir übergehen die pompösen Declamationen über den Kampf ums Dasein, über die gesteigerten Ansprüche, den Luxus, den Trieb nach sinnlichem Genusse, die sinkende Religiosität u. s. w. Für uns ist die erste Frage die nach der Thatsache. Steht diese fest, dann mag der Scharfsinn kommen und nach den Ursachen forschen. Steht diese nicht fest, so kann man sich vorläufig den Scharfsinn ersparen. Festgestellt kann sie nur auf dem Wege der Statistik werden und zwar würde dann die Frage lauten: ist es nachgewiesen, dass es unter den Rothhäuten und andern Wilden weniger Geisteskranke giebt, als unter den civilisirten Nationen. Bedenkt man, wie bei den policirtesten Nationen die Irrenzählungen ein Resultat geben, welches kein Mensch für ein zuverlässiges hält, so wird man bei den unpolicirten Völkerschaften, bei denen von einer Irrenzählung doch nicht die Rede sein kann, gewiss auf jede Schätzung verzichten. Die Berichte von Reisenden, welche auf ihrem Durchstreifen solcher Bezirke keine Irren angetroffen haben, als Beweismittel zu gebrauchen, ist absolut unzulässig und ist ihnen entgegen zu halten, dass man ganz gut Europa von Petersburg bis Madrid durchreisen kann, ohne eines einzigen Irren ansichtig zu werden. Wird jemand daraus schliessen, dass es in Europa keine oder nur wenige Irren giebt? Also thut man besser, die Frage lieber ganz liegen zu lassen, da die einzig mögliche Beweisführung doch nur durch Statistik zu leisten wäre und diese gradezu unmöglich ist.

§ 144.

An diese erste Frage schliesst sich wohl am passendsten die zweite, betreffend den Einfluss politischer Erschütterungen. Hierzu hat de neuere Zeit (Revolutionen, Kriege, Einschliessung von Paris) mancherlei Material geliefert. Alles zusammengefasst, stellt sich heraus, dass die gedachten Ereignisse nicht ohne Einfluss auf die Hervorrufung psychischer Krankheiten gewesen sind, dass aber die dadurch hervorgerufenen Fälle nicht sehr dauernder Natur waren und mit dem Aufhören der Ursachen wieder verschwanden, ohne einen dauernden Einfluss auf die Irrenstatistik der betreffenden Hauptstädte zu hinterlassen.

§ 145.

Ob einzelne Völkerstämme eine besondere Disposition für das Entstehen von Seelenstörungen zeigen, ist mit einiger Wahrscheinlichkeit nicht nachzuweisen. Doch mag hier erwähnt sein, dass, nach übereinstimmenden Zahlen aus europäischen Berichten, die Juden überall eine hohe Ziffer, die weit über die Verhältnisszahl der Bevölkerung geht, aufzweisen haben. Möglicherweise kann ein Grund hierzu darin liegen, dass die lange Zeit ihrer Zerstreuung durch die verschiedenen Klimate zur vollständigen Acclimatisation der aus einem südlichen Klima stammenden Nation nicht ausgereicht hat. Eine solche Ansicht könnte nur dadurch befestigt resp. widerlegt werden, wenn sich nachweisen liesse, dass im Süden von Italien oder Spanien, wo ein ähnliches Klima wie in Palästina herrscht, die Juden im Vergleiche mit den Eingebornen dieselbe Irrenziffer aufzeigten. Grade von den genannten Gegenden existiren aber keine zuverlässigen diesbezüglichen Erhebungen. Somit fällt dieser Erklärungsversuch weg. Wir sind daher geneigt, auf ein anderes Moment zurückzugehen. Dies liegt bei einer Nation wie die jüdische wahrscheinlich in der begrenzten Eheschliessung, die nicht bloss durch die Nationalität, sondern auch durch die vielfache Schichtung innerhalb derselben (nach der Vermögenslage) auf engere Kreise beschränkt wird. Dadurch entsteht etwas. was die rationellen Thierzüchter als „Inzucht" bezeichnen, die, weit entfernt als Racenverschlechterung angesehen zu werden, von vielen Stimmen gepriesen wird. Aber hier hinkt das Gleichniss. Denn der Thierzüchter operirt natürlich mit den besten auserlesenen Individuen der Race, während bei der Eheschliessung unter den Menschen die körperliche und geistige Entwicklung in dieser Beziehung, namentlich unter den Juden, am allerwenigsten den Ausschlag giebt. Bedenkt man nun ferner, dass die Juden zu allen Zeiten sich sozusagen mehr durch eine cerebrale Constitution auszeichnen (ihre Leistungen im Grossen liegen mehr nach der psychischen Seite, Gelehrsamkeit, Dichtkunst, Musik, Speculation), als nach der körperlichen Kraft, so wird die dadurch bedingte Nervosität durch Inzucht mehr und mehr gesteigert werden und als Erklärungsgrund für die hohe Irrenziffer gelten können. Bestätigt wird diese Ansicht dadurch, dass, wo ähnliche Bedingungen (Beschränkung in der Eheschliessuug) stattfinden, auch ähnliche Erfolge zu verzeichnen sind. Beweis die Häufigkeit der Psychosen unter den hohen aristokratischen und fürstlichen Häusern.

§ 146.

Ob die Ehen in der Blutsverwandtschaft wirklich in Bezug auf die Nachkommenschaft die bedenklichen Folgen haben (eine eigenthümliche Form der Augenentzündung, Taubheit, nicht Taubstummheit, wie gewöhnlich gesagt wird, da nur die Taubheit angeboren sein kann und die Stummheit nur die· natürliche Folge der Taubheit ist), ist noch nicht entschieden. Der Weg, den man zur Entschei-. dung dieser Frage gethan hat, ist der allerfalscheste. Man hat sich damit begnügt, die pathologischen Fälle, die einzelnen Beobachtern vorgekommen sind, zu summiren, und Keinem ist es eingefallen zu prüfen, wieviel consanguine Ehen es in einem geschlossenen Kreise giebt und wie die Nachkommenschaft derselben beschaffen ist. Hätte man dies gethan oder thun können, so hätte sich möglicherweise herausgestellt, dass Ehen in der Verwandtschaft eine ganz vorzügliche Nachkommenschaft aufweisen. Das Verdienst, auf diesen groben Fehler aufmerksam und wenigstens den Versuch gemacht zu haben, ihn zu verbessern, gebührt dem jüngern Darwin. Das Resultat seiner mühevollen und geistreichen Arbeiten besteht nach der Ansicht des Verfassers darin, dass bis jetzt kein Grund vorliege, die Ehen in der Blutsverwandtschaft zu verdächtigen.

§ 147.

Welche Rolle die sogenannte Erblichkeit, richtiger „Vererbung", bei der Entstehung der Psychosen spielt, ist vielfach untersucht und besprochen worden. Es wird bei allen Schriftstellern der Neuzeit grosses Gewicht darauf gelegt, obwohl die Meisten nur nachschreiben, was ihre Vorgänger vorgeschrieben haben. Wenn ich mich von dem allgemeinen Strom nicht fortreissen lasse, so bin ich verpflichtet, meine Bedenken klar zu legen. Von vornherein gebe ich gern zu, dass die Sache eine gewisse theoretische Wahrscheinlichkeit hat. Da der Mensch seine ganze Persönlichkeit von seinen Eltern, also überhaupt von seinen Vorfahren erbt, so ist etwas Aehnliches wohl auch, nicht für die Krankheiten (das behauptet auch Niemand), wohl aber für die Krankheitsdisposition zu muthmassen. Nun ist aber die Disposition selbst ein so unbekanntes und ungreifbares Ding, dass sich kaum mit ihm rechnen lässt. Dabei steht aber die Sache fest und lässt sich sogar mathematisch definiren. Wenn auf zwei gleiche Individuen A und B die gleichen Ursachen einwirken und eines davon (A) erkrankt und das andere (B) erkrankt nicht, so ist die Differenz zwischen Beiden (A—B) die Disposition. Das ist aber auch Alles, was wir hiervon wissen. Und dann, wo giebt es zwei gleiche Individuen und wo zwei gleiche Ursachen oder zwei gleiche Summen von Ursachen? Ja, wenn man aus den Zeichen der Erkrankung schliessen könnte, ob die Erkrankung aus allgemeinen Einflüssen entstanden sei, oder ob bei dem Erkrankten das Moment der sogenannten erblichen Belastung eine Rolle spiele, so wären wir schon einen bedeutenden Schritt in dieser Frage weitergekommen. Es wird aber jetzt wohl allgemein zugestanden, dass eine derartige differentielle Diagnose zur Zeit noch nicht möglich ist. Fragen wir uns doch zunächst, wie die Untersuchung auf diesem Felde anzustellen ist, resp. bisher angestellt worden ist. Betrachten wir zunächst den einfachsten Fall, es sei ein Individuum geistig erkrankt und es sei festgestellt, dass sein Vater auch geisteskrank gewesen sei, was folgt daraus? Da unstreitig auch täglich Individuen erkranken, an deren Vorfahren nichts auszusetzen ist, so hat Niemand das Recht zu behaupten, dass grade in dem fingirten Falle die Ascendenz des Erkrankten die Schuld oder einen Theil derselben trage und wer da behauptet, dass dem so sei, von dem werden wir erst den allerdings unmöglichen Beweis für seine Behauptung erfordern. Ebenso schwierig ist die zweite mögliche Art der Untersuchung, bei welcher man von den Eltern ausgeht und die Nachkommenschaft studirt. Es liegt in der Natur der Sache. dass ein Beobachter höchst selten in die Lage kommt, mehrere Generationen zu beobachten und dass er sich also meistens auf die oft sehr unzuverlässigen Nachrichten ganz ungebildeter Verwandten etc. verlassen muss, wodurch dergleichen Mittheilungen stets an das Anekdotenhafte streifen. Aber auch die Richtigkeit der Thatsachen zugegeben, so ist die Art, wie Schlüsse daraus gezogen werden, oft anfechtbar. Um der Wichtigkeit der Sache willen werde ich meine Ansicht an einem Beispiele der jüngsten Zeit genauer analysiren. Krafft-Ebing ist nämlich so glücklich gewesen, über eine von einem geisteskranken Grossvater abstammende Familie die Notizen über fünf Generationen (also jedenfalls nicht durch eigne Beobachtung) einzuziehen.*) Das Resultat war folgendes. Von 36 Nachkommen eines geisteskranken Vorfahren wurden in vier Generationen 12 Individuen geisteskrank, 24 blieben gesund. Statistisch ausgedrückt würde dies so lauten: ein geisteskranker Erzeuger hat die Wahrscheinlichkeit für sich, dass in seiner Nachkommenschaft, dieselbe zu 100 angenommen, $66^2/_3$ gesunde Individuen auf $33^1/_3$ kranke kommen werde, also die doppelte Wahrscheinlichkeit für die Gesundheit und die einfache für die Krankheit. Wie sich die Sache

---

*) I. p. 158. Bei wiederholtem Nachrechnen fand ich die Resultate der Addition nicht ganz correct und habe ich mir oben erlaubt, die rectificirten Zahlen anzugeben. Die Differenz ist übrigens unerheblich.

in diesem Falle gestellt hätte, wenn jener Vorfahr geistesgesund gewesen wäre, davon haben wir keine Ahnung und können also kein vergleichbares statistisches Material aufstellen, ganz davon abgesehen, dass so kleine Zahlen wie 12 und 24 überhaupt in der Statistik nicht verwendbar sind und auch von keinem Statistiker verwandt werden. Also auf diesem Wege, der Aufstellung von ein paar Stammbäumen, ist nichts zu machen. Der zweite Weg, der im Grossen angewandte, hat wenigstens den Werth grosser Zahlen. Ihn beschreitet die Anstaltsstatistik, die im Gegensatz zu der ersten nicht von der Ascendenz, sondern von der Descendenz ausgeht und rückwärts arbeitet.

§ 148.

Die Anstaltsstatistik verfährt folgendermassen. Sie untersucht eine grosse Anzahl von Kranken und frägt, wie viele unter ihnen in ihrer Ascendenz geisteskranke Individuen haben. Gegen dieses Manoeuvre wäre nun ein theoretisches Bedenken nicht zu erheben. Aber man hat die Resultate dadurch geschwächt und nach meiner Meinung gradezu entwerthet, dass man, vermuthlich um glänzendere Resultate zu erzielen, sich nicht mit der directen Ascendenz begnügt, sondern die Seitenlinien mit einbezogen und dabei übersehen hat, dass man von einer Tante zwar unter Umständen Geld, aber niemals organische Zustände erben kann, weil die Tante zur Erzeugung des Neffen absolut nichts beiträgt. Man hat aber noch eine zweite Begriffserweiterung vorgenommen, indem man in der Ascendenz nicht allein Geisteskrankheit gesucht, sondern sich mit irgend einem nervösen Leiden (Hypochondrie, Hysterie, Epilepsie, Trunksucht, oder auch nur barockes auffallendes Wesen, Selbstmord etc.) begnügt hat. Auf solche Weise kann man allerdings grössere Ziffern herausrechnen, man scheint aber dabei zu vergessen, dass mit der Erweiterung der Begriffe der Inhalt derselben abnimmt. Das Principlose dieses Verfahrens zeigt sich übrigens treffend in den Erfolgen. Wenn z. B. Legrand du Saulle, ein Haupt der Hereditarier angiebt, dass die Angaben zwischen 4 pCt.

und 90 pCt. schwanken, so muss dem Statistiker übel zu Muthe werden und er muss jeden Gedanken an die Auffindung eines Gesetzes (Aufgabe der Statistik) fahren lassen.*)

§ 149.

Ob die Jahreszeiten (die Temperaturunterschiede) einen erkennbaren Einfluss auf die Häufigkeit der Erkrankungen ausüben, ist nicht mit Gewissheit festgestellt. Die meisten Anstaltsberichte stimmen zwar darin überein, dass im Sommer der Andrang zu den Anstalten ein grösserer ist, was aber auch daran liegen kann, dass im Winter entstandene Fälle, unter dem Einflusse der Hitze, eine Form annehmen (Aufregung), die sie für die Umgebung schwerer erträglich macht, wozu für die Landbevölkerung noch der Umstand kommt, dass im Sommer Alles auf dem Felde ist, wodurch die Beaufsichtigung eines solchen Kranken zur Unmöglichkeit wird. Auch glauben Viele (nicht ganz mit Unrecht), dass der Sommer für die Heilung die passendste Jahreszeit sei. Man möge aus dem Gesagten ersehen, dass Angaben, die aus der nackten Anstaltsstatistik stammen, mit einer gewissen Reserve aufgenommen werden müssen.

§ 150.

Was den Unterschied der Geschlechter betrifft, so scheint es allerdings, als ob das weibliche Geschlecht etwas stärker heimgesucht werde, als das männliche. Bedenkt man, dass die sociale Lebensstellung der Frauen eine schwierigere ist, als die der Männer, dass die Erwerbsfähigkeit der Unverheiratheten eine viel beschränktere ist und daher in viel grösserem Umfange zu Sorgen und Entbehrungen führt, bedenkt man dazu die Zustände der Schwangerschaft, des Wochenbetts und der Lactation, welche ihre besonderen Gefahren mit sich führen, so wird man dies Sachverhältniss nicht auffallend finden, ja es würde wahrscheinlich noch auffallender sein, wenn es nicht durch den Alcoholmissbrauch der Männer, die bei

---

*) Vgl. was ich in meiner kleinen Schrift über Kullmann gesagt habe.

ihnen stärker hervortretende Syphilis u. A. einigermassen ausgeglichen würde. Da hier vom Geschlechtsunterschiede, als Ursache der Psychose, die Rede ist, so mögen hier gleich die verschiedenen Zustände berührt werden, die nur auf das weibliche Geschlecht Bezug haben.

§ 151.

1) Pubertätsentwicklung spielt bei dem weiblichen Geschlechte eine viel grössere organische Rolle als bei dem männlichen. Schon die Plastik hat bei dem ersteren viel mehr zu leisten. Abgesehen von der Körperfülle im Allgemeinen, die sich erst mit der Pubertät entwickelt, sind die Brüste vel quasi neu zu schaffen, die Gebärmutter und ganz besonders die Eierstöcke gelangen erst jetzt zur Reife, wogegen beim männlichen Geschlechte, mit Ausnahme der Hodenentwicklung, nichts Besonders zu leisten ist. Möglicherweise liegt in diesem erhöhten plastischen Anspruche der Grund zu der in dieser Epoche, wie in keinem andern hervortretenden, sich so gern entwickelnden Anämie mit ihrem ganzen Gefolge, welches man unter dem Namen Chlorose zusammenfasst. Der analoge Zustand findet sich zwar jeweilig auch bei jungen Männern, aber verhältnissmässig selten, und wohl nie mit so ernsten Symptomen der ganzen Constitution begleitet.

§ 152.

Die Krankheitsfälle, welche sich während der Pubertät beim weiblichen Geschlechte, namentlich unter dem hinzutretenden Einflusse von häuslichem Kummer, Entbehrungen, Zukunftsfragen und Unmöglichkeit, den Gesetzen der Hygiene nachzuleben. sich entwickeln, können unter zwei ganz verschiedenen Formen auftreten.

§ 153.

1) Entweder nämlich entwickelt sich aus den Erscheinungen der Chlorose heraus eine tiefe geistige Verstimmung, ein psychisches Druckbild, dessen Erscheinungen wir schon (§§ 40—53) im Grossen geschildert haben und die sich im vorliegenden Falle vollständig

wiederfinden. Hinzugefügt sei, dass die Verstimmung, das Krankheitsgefühl, einen solchen Lebensüberdruss erzeugen können, dass das Leben eine unerträgliche Last und der Selbstmord als einziger Ausweg bleibt. So schwer die Krankheitsfälle erscheinen, so werden sie doch in Anstalten durch gute Pflege, frische Luft, Bäder und durch passende Beschäftigung meistens geheilt, allerdings nicht ohne die Besorgniss, dass eine Rückkehr in die früheren elenden Verhältnisse auch einen Rückfall in das frühere Leiden zur Folge haben wird.

Bezeichnet könnte diese Form werden als „Melancholie der Chlorotischen".

§ 154.

2) Es kann unter den vorbezeichneten Umständen sich ein ganz entgegengesetztes Krankheitsbild entwickeln, welches aber weniger auf der Grundlage der Chlorose, als auf der des sich gleichzeitig entwickelnden Geschlechtstriebes beruht. Dieser, dem Individuum anfangs völlig dunkel, unverständlich und deshalb beunruhigend, bringt einen psychischen Agitationszustand zu Wege, der die Kranke nicht nur zu allen geordneten Geschäften unfähig macht, ihr das längere Sitzen an einem Orte zur Qual macht, sondern sie auch allerlei unnütze, störende, die Umgebung belästigende kleine Handlungen vornehmen lässt. In sehr vielen Fällen mischen sich religiöse Elemente hinein. Die Kranke greift dann nach dem Gebetbuche, wird, was sie bisher nicht war, eine eifrige Kirchgängerin, wobei sie bestimmte Prediger bevorzugt, die sie auch wohl in ihrem Hause aufsucht, um sich mit ihm über ihre Gewissensscrupel zu berathen etc. Mehr und mehr tritt das geschlechtliche Moment in den Vordergrund. Wollte man glauben, dass sich diese Richtung zunächst in einer grösseren Fürsorge für die äussere Erscheinung kundgebe, so würde man sich gewaltig irren. Grade umgekehrt wird die Kranke immer unordentlicher, lodriger, unsauberer in Bezug auf ihre Kleidung und ihren Körper. Nur eins entwickelt sich immer stärker, die Neigung zum Waschen. Dies geschieht aber umsoweniger aus Reinlichkeitsrücksichten, als die Kranke sehr bald dazu kommt, ihren Urin dem reinen Waschwasser

vorzuziehen, wodurch die Annehmlichkeit ihrer Person einen erheblichen Abbruch erleidet. Der Busen wird nicht mehr verhüllt, sondern den Blicken der Umgebung preisgegeben, und allmälig kommt es so weit, dass die Patientin nackt im Zimmer umhergeht, ohne sich durch die Anwesenheit des Arztes im geringsten genirt zu fühlen. Die Sprache, die anfangs noch in den Grenzen des Anstandes blieb und sich nur durch stete Gereiztheit, lauten Ton auszeichnete, sinkt immer tiefer bis zur vollständigen Schamlosigkeit, und das Gerede dreht sich hauptsächlich um boshafte, verläumderische Verdächtigungen ihrer Umgebung. Daneben Geneigtheit zu Zornesaufwallungen, die der Umgebung gefährlich werden, und, neben Neigung zu kindischem Ausputze des Zimmers, Zerstörungssucht (ausgeübt an Kleidungsstücken und Fensterscheiben). Dabei ist der Schlaf sehr schlecht, die Nächte höchst unruhig. namentlich durch lautes Singen für die Umgebung sehr störend, die Verdauung gesunken, starke Speichelabsonderung, mit dem Essen wird gespielt oder es wird verunreinigt, Stuhlgang retardirt, Periode meist fehlend oder, wenn sie noch fliesst, jedesmal die Aufregung steigernd, kranke Gesichtsfarbe, schnelle Abmagerung, Neigung zur Unreinlichkeit bis auf die Excremente.

Diesen Symptomencomplex bezeichnet man allgemein mit dem Namen der „Nymphomanie".

Trotz der Schwere der Symptome, die allerdings die Kranke meist schnell in die Anstalten führt, kann die Prognose im Ganzen nicht als ungünstig bezeichnet werden. Die Mehrzahl der Fälle wird geheilt, doch bedarf es einer energischen und consequenten Behandlung von Seiten des Arztes, der auch erforderlichen Falles vor der Anwendung von mechanischen Zwangsmitteln, mögen sie nun Mode sein oder nicht, nicht zurückschrecken darf. Specifische Heilmittel giebt es natürlich nicht, doch habe ich von der vorsichtigen Anwendung des Calomel bis zur beginnenden Salivation öfters gute Wirkungen gesehen. Regime kühl, antiphlogistisch, weil man sonst Oel in das Feuer giesst.

In den günstigsten Fällen erfolgt die Heilung ziemlich plötzlich.

Die Kranke fängt an zu schlafen, bekommt guten Appetit, ihr Aussehen bessert sich zusehends, ihr Betragen wird bescheiden, liebenswürdig. Ihre Schamlosigkeiten hat sie vergessen, sie tritt dem Arzte, der so oft Zeuge ihrer Schamlosigkeit war, mit der grössten Unbefangenheit entgegen und drängt nicht in lästiger Weise nach Entlassung.

Nach diesen günstigen Mittheilungen muss ich aber auch zweier minder günstiger Schattenseiten erwähnen. Es giebt nämlich einzelne Fälle, die sich symptomatisch durch nichts vor der beschriebenen Form unterscheiden und doch, anstatt in Genesung überzugehen, oft recht schnell den typischen Verlauf durch die Verwirrtheit bis zum Blödsinn durchmachen. Auch im Stadium des Blödsinns, wenn schon lange keine Unterhaltung mehr möglich ist, bleibt noch das Nacktgehen, Kleiderzerreissen und der äusserste Grad der Unreinlichkeit. Die zweite Schattenseite ist die auch nicht vorherzusehende Möglichkeit, dass alle Symptome schwinden, so dass man Heilung glaubt, derselbe Zustand aber nach kürzerer oder längerer Zeit, ohne nachweisbare äussere Ursachen, also wohl aus inneren, ganz in der ersten Weise mit genau denselben Erscheinungen wiederkehrt und dass diese periodische Wiederkehr oft viele Jahre in Anspruch nimmt. Bemerkenswerth ist, dass die Zwischenräume doch meist nicht ganz rein sind, vielmehr gewisse Absonderlichkeiten aufweisen (gehobener Ton im Briefschreiben, Fortdauer der Malice gegen bestimmte Personen u. s. w.) Zum Blödsinn führt diese Form nach meiner Erfahrung nicht.

§ 155.

An die pathologischen Zustände der Pubertätsentwickelung schliessen sich am ungezwungensten die Zustände der Schwangerschaft, Geburt und der Lactation an. Die auf ihnen beruhenden Psychopathien participiren insofern an dem Grundcharakter der bezeichneten Zustände, als die der Schwangerschaft und der Lactation entsprossenen Krankheitsfälle einen mehr chronischen Verlauf, die der Geburt und des Wochenbettes ein sehr stürmisches Auftreten aufweisen. Erkrankt die Psyche während der Schwangerschaft, so wird sie, mit sehr seltenen Ausnahmen, unter dem Bilde der Depression (Melancholie) auftreten. Unruhe, Brüten, Angst vor der Geburt, religiöse Besorgnisse u. dergl. m. werden in den Vordergrund treten, üble Laune, Unfähigkeit, den häuslichen Anforderungen zu genügen, werden hinzutreten und die Umgebung mit Besorgnissen erfüllen. Die vielfach getheilte Ansicht, dass mit der Entbindung Alles gut werden werde, bestätigt sich nicht immer. Wo die Geburt des Kindes diese gewünschte Wirkung nicht oder nur ganz vorübergehend hat, ändert sich die Scene derart, dass an die Stelle der Melancholie eine stürmische, meist mit Hallucinationen des Gehörs verknüpfte Aufregung bis zur Tobsucht tritt, in welcher die Kranke zu Gewaltakten hinneigt, die der Umgebung und ganz besonders dem Neugeborenen gefährlich werden können. Trennung des Kindes von der Mutter ist daher die oberste Indication, der sofort genügt werden muss. Dieser Zustand geht meistens bei absoluter Isolirung der Kranken und kühlendem Verhalten in wenigen Wochen vorüber. Doch sind mir auch Fälle bekannt, in welchen die Aufregung sehr lange anhielt und durch ein jahrelanges Stadium der Verwirrtheit in Blödsinn endete. Daher sei Vorsicht bei Stellung der Prognose anempfohlen.

§ 156.

Auch die weibliche Involutionsepoche, weniger bei Verheiratheten als bei den alten Jungfrauen, giebt einen günstigen Boden für Geisteserkrankung ab. Dieser Zustand, obwohl er wie die Nymphomanie auf dem Boden des Geschlechtslebens wurzelt, tritt doch mit anderen Erscheinungen in die Wirklichkeit. Die Gedanken drehen sich allerdings auch um die geschlechtliche Sphäre, aber ihr Vortrag bleibt doch mehr innerhalb der conventionellen Grenzen; die Gedankenrichtung spielt mehr in die sentimentale elegische Richtung hinüber (Klagen über verfehltes Leben, unmögliche Heirathsideen etc.). Zur Zerstörungssucht und zu den hohen Graden der Unreinlichkeit kommt es selten, sowie auch die Schamhaftigkeit nie ganz aus den Augen gesetzt wird. Dagegen ist die Neigung zu lauten, groben, verdächtigenden Schimpfereien hochgradig entwickelt, wodurch diese Kranken sehr lästige Gäste in den Irrenanstalten werden.

§ 157.

Ob Personen ledigen Standes häufiger erkranken als die Verheiratheten (so wird gewöhnlich angenommen) kann ich nicht entscheiden. Eine Statistik darüber existirt meines Wissens nicht. Denn die Angaben aus den Anstalten sind, für sich genommen, ganz werthlos. Sie könnten erst Werth erhalten, wenn sie mit den correspondirenden Zahlen der Gesammtbevölkerung verglichen würden. Beispielsweise: wenn in irgend einer Bevölkerung dreimal so viel Unverheirathete lebten als Verheirathete und die Anstaltsstatistik wiese doppelt so viel Ledige als Verheirathete auf, so würde die Anstaltsstatistik auf eine doppelte Morbilität der Ledigen schliessen, während in Wahrheit das Verhältniss ein umgekehrtes wäre, so dass die Verheiratheten die Bevorzugten wären.

§ 158.

Die Frage, ob die verschiedenen Berufsarten verschiedene Erkrankungsziffern zeigen, ist wegen Complicirtheit der Ursachen nicht lösbar und ist es besser, unsere Unwissenheit darüber zu bekennen. Denn wenn beispielsweise sich herausstellte, dass der Offizierstand vorzugsweise vor anderen Ständen die meisten Paralytiker aufweist, so wird wohl kein vernünftiger Mensch daraus schliessen, dass die dienstlichen Verhältnisse die Ursache dieser immerhin bemerkenswerthen Erscheinung seien. Und so geht es mit den anderen Ständen. Wenn Matrosen eine höhere Belastungsziffer haben, wer will ergründen, ob davon das viele Wasser oder der viele Branntwein die Schuld trägt.

§ 159.

In Bezug auf das Lebensalter gilt es als feststehend, dass das kindliche Alter zwar nicht frei, aber doch bei Weitem am wenigsten belastet ist, dass die Hauptziffer zwischen das 16. bis 45. Jahr fällt (die Jahre der höchsten Entwickelung und Blüthe) und dass nach diesem Jahre eine gleichmässige Abnahme beobachtet wird.

In Betreff der Krankheiten des Kindesalters haben wir in Bezug auf die Entwickelungshemmungen schon das Wichtigste bereits (§ 138) erwähnt und fügen jetzt nur noch hinzu, dass auch alle anderen Formen in diesem Alter vertreten sein können, dass dergleichen Fälle zu den allergrössten Seltenheiten gehören und in Folge der Schwäche der Intelligenz sich meistens durch triebartige Erscheinungen, Zerstörungssucht und Bosheit auszeichnen und also mehr in die Breite des moralischen Irreseins als in irgend eine andere Form der Psychosen hineinragen.

§ 160.

Ueberblicken wir die Ursachen der Seelenstörungen, so weit sie uns bekannt sind, so kommen wir zu dem allgemeinen Grundsatze: Alles, was geeignet ist, 1) die Ernährung des Körpers und 2) die Kraft seiner Functionen herabzusetzen, kann Ursache der Psychose werden. In ersterer Beziehung sind schwere Störungen in der Verdauung, erschöpfende acute und chronische Krankheiten, Blut- und andere Säfteverluste (Lactation, Spermatorrhöe) zu nennen. In Bezug auf chronische Krankheiten so wird es verhältnissmässig wenige geben, bei denen nicht im Schlussstadium auch geistige Alienationen (nicht Fieberdelirien) eintreten, welche die Umgebung im höchsten Grade überraschen resp. erschrecken. Zu den herabsetzenden Potenzen ad 2 rechne ich auch, im Widerspruche mit der landläufigen Ansicht, den Alcohol. Was man auch über die gesteigerten geistigen Leistungen beim leichteren Rausche fabelt, ich sehe darin nur gesteigerte Dreistigkeit, die durch Vergessen der conventionellen Schranken (also durch ein manco) begründet ist. Dass der stärkere Rausch herabsetzt, wird wohl Niemand in Abrede stellen. Auch der Missbrauch des Opiums und namentlich der Morphiumeinspritzungen, die zu auffallenden Seelenerscheinungen führen, gehört zu den herabsetzenden Potenzen.

§ 161.

Es giebt auch bestimmte Nervenkrankheiten, welche in ihrem Gefolge Psychosen haben. Dahin gehört vor Allem die Epilepsie. Die normale Epilepsie zeigt schon ein sehr bedenkliches psychisches Symptom, die Bewusstlosigkeit (den Scheintod des Seelenlebens), auf. Auch ist schon erwähnt worden, dass sie in den Kinderjahren verderblich auf die Entwickelung des Seelenlebens einwirkt. Bei Erwachsenen kommen aber Fälle vor. in welchen dem Ausbruch der Convulsionen ein Zeitraum furchtbarer psychischer Aufregung (Tobsucht mit unwiderstehlichem Anreiz zu Gewaltthaten) vorhergeht oder, was noch häufiger vorkommt, nachfolgt. Ja es scheint, als ob der epileptische Anfall durch einen urplötzlichen Anfall von Tobsucht vertreten werden könne. Von den während des Anfalles stattgehabten Ereignissen bleibt im Gedächtniss keine oder nur eine sehr schwache Spur zurück. Es liegt auf der Hand, dass diese Zustände von hoher forensischer Bedeutung sein können. Die Entscheidung ist hier oft sehr schwierig. Der Nachweis einer wirklich vorhandenen Epilepsie, namentlich der geschilderten mit Tobsucht verknüpften Form, das Fehlen eines Motives und eines Zweckes. die vernunftlose Art der Begehung der That, sowie das vollständige Nichtwissen (was natürlich nicht erwiesen, sondern nur wahrscheinlich gemacht werden kann) des Geschehenen müssen Anhaltspunkte für den Sachverständigen geben. Andere sogenannte Nervenkrankheiten, wie die Chorea und die Katalepsie der Autoren, können sich eines so engen Zusammenhanges mit den Psychosen nicht rühmen, wie die Epilepsie. Von der Katalepsie scheint es mir überhaupt zweifelhaft, ob sie existirt.

§ 162.

Dass unter den Ursachen der Seelenstörungen die psychischen Einflüsse erwähnt werden müssen, ist wohl selbstverständlich. Vor ihrer Ueberschätzung ist schon gewarnt worden (§ 47). Man muss dabei die langsam einwirkenden von den plötzlich hereinbrechenden unterscheiden. Jene (Scham, Kummer, Sorge bis zur Verzweiflung) sind in ihren Einwirkungen auf den Menschen so complicirt (indem sie Schlaflosigkeit, Sinken der Ernährung, Herabsetzung aller hygienischen Einflüsse erzeugen), dass es nicht wohl möglich ist, den psychischen Einfluss gesondert von dem organischen Einflusse darzustellen. Etwas Anderes ist es mit den plötzlich einwirkenden, namentlich dem Prototyp derselben, dem Schrecken. Dass dieser plötzlich das Seelenleben verwirren könne, ist durch mancherlei Beispiele erwiesen. Die Wirkung zeigt sich dann meistens in einem plötzlich eintretenden Stumpfsinn, der gewöhnlich durch das ganze Leben fortdauert.

§ 163.

Ob bei dem Entstehen der psychischen Krankheiten etwas wie Ansteckung stattfinde oder stattfinden könne, ist mir mehr als zweifelhaft. Die Annahme der Ansteckung im allgemein angenommenen Sinne setzt voraus, dass A. die Ursache der gleichnamigen Erkrankung von B. durch Uebertragung eines Stoffes wird. Dass ein solcher Fall in Bezug auf Psychosen nicht stattfindet, wird wohl Jeder zugeben. Von der Bacterien-Theorie hat sich die Psychiatrie bisher noch frei erhalten. Auch sind ja die für Ansteckung etwa verwendbaren Fälle so selten, dass sie für die Pathologie nicht von Wichtigkeit sind, für jeden einzelnen Fall sich aber unzählige anderweitige Erklärungsversuche darbieten. Es kämen also eigentlich nur die sogenannten psychischen Epidemien zur Sprache, deren Existenz nicht zu leugnen ist, die aber zum grössten Theile nicht einmal historisch recht aufgeklärt sind. Eines haben sie aber alle mit einander gemein, das Verschmelzen religiöser und geschlechtlicher Stimmung. Ein Analogon für die Fortpflanzung über viele Individuen bildet die Macht der Mode in Bezug auf die menschliche Kleidung. Wenn heute ein tonangebender Narr sich einen weissen Hut statt des landesüblichen schwarzen aufsetzt, so kann man mit Gewissheit vorhersagen, dass zunächst dies Leiden epidemisch werden, d. h. über eine grosse Zahl von Individuen sich verbreiten wird. So kann man auch die psychischen Epidemien als Modekrankheiten betrachten, so wie beispielsweise zur Zeit Ludwigs XIV., der eine Mastdarmfistel hatte, die besagte Krankheit bei Hofe Mode wurde. Dergleichen gehört in das reiche Kapitel menschlicher Narrheit und nicht in das Gebiet der historischen Pathologie.

§ 164.

Wenn von den Ursachen der Psychosen die Rede ist, so bleibt uns noch eine Betrachtung übrig. Je mehr man sich durch die negativen Resultate der pathologischen Anatomie überzeugte, dass, wenn die Geisteskrankheiten durchaus Hirnkrankheiten sein sollen. man darunter nur functionelle Hirnkrankheiten verstehen dürfe, desto mehr wurde man zu der Frage gedrängt, ob nicht die Psychosen vielfach extracerebralen Ursprungs seien. Nahm man das Letztere an, so war die zweite Frage: welches die Organe, resp. die Krankheitprocesse seien, die zu den Psychosen in ursächlichen Beziehungen stehen und ob etwa bestimmte Organerkrankungen auch bestimmte psychische Erscheinungen in ihrem Gefolge hätten. Wir fangen, obwohl das auffallend erscheinen mag, mit dem Gehirne selbst an und registriren zunächst, dass Griesinger schon mit aller Bestimmtheit darauf hinwies, dass Heerderkrankungen (locale, umschriebene Krankheitsvorgänge) keine erhebliche Rolle in der Hervorrufung von Psychosen spielen. Man kann jetzt wohl mit Bestimmtheit annehmen, dass apoplectische und Erweichungsheerde (Embolien und Thrombosen), vor Allem aber Hirntumoren erst ganz allmälig und nur dann psychische Erscheinungen hervorrufen, wenn sie in ihrem Fortschreiten Atrophie des Gehirns hervorbringen. Ist dies aber der Fall, so verläuft die Krankheit unter der Form allmäliger Abnahme sämmtlicher psychischer Leistungen bis zum tiefsten Blödsinn. (Vergl. § 138.)

§ 165.

Wenn wir von oben nach unten fortschreiten, so gelangen wir zunächst an den Hals, wo wir bei der Struma etwas verweilen müssen. Diese ist ein so häufiger Begleiter des Cretinismus, dass man einen wesentlichen Zusammenhang vorauszusetzen wohl berechtigt ist. Auch würde die theoretische Erklärung ziemlich nahe liegen. Da jeder bedeutende Kropf die Blutcirculation, namentlich den Rückfluss des venösen Blutes genirt, so wäre damit eine permanente mechanische Blutstauung und, da es sich hier um das Venenblut handelt, eine Ueberführung des Gehirns mit zu kohlensäurereichem Blute gegeben, und damit wäre eine Hirnfunctionshemmung und in Folge davon ein geistiger Schwächezustand erklärt. Ich würde dieser Ansicht ohne Weiteres beipflichten, wenn mich nicht zwei Umstände abhielten. 1) Der Kropf ist mit dem Cretinismus sehr häufig verbunden, aber diese Verbindung ist weit davon entfernt, constant zu sein. Es giebt zahlreiche Cretins ohne Kröpfe. 2) Es giebt aber auch im Gebirge wie im flachen Lande unzählige Kröpfe ohne nachtheilige Rückwirkung auf das Seelenleben. Wir werden daraus schliessen müssen, dass nicht der Kropf die Ursache des Cretinismus ist, sondern dass beide aus einer gemeinsamen, freilich noch unbekannten Ursache stammen.

§ 166.

Eine Zeit lang glaubte man unter dem Vorgange des älteren Nasse, dass Herzkrankheiten eine hervorragende Stelle unter den Ursachen der Psychosen einnehmen. Dies hat sich im Fortgange der Beobachtungen nicht bestätigt und ist Nasse's Irrthum wohl dadurch erklärlich, dass zu jener Zeit die specielle (physikalische) Diagnose der Herzkrankheiten noch eine terra incognita war und dass daher Manches für Herzkrankheit genommen wurde, was man heute nicht dafür ansehen würde. Anders steht es mit der Lungentuberkulose. Diese wird zuweilen (im Verhältniss zur Häufigkeit dieser Krankheit immer noch selten genug) von einer ganz eigenthümlichen krankhaften Verstimmung begleitet. Der Kranke schliesst sich so gut wie er kann von seiner Umgebung ab, jeder Besuch, jede Frage ärgert und empört ihn, er antwortet grob, kurz, boshaft, beleidigend. Nie hört die Umgebung ein Wort des Dankes oder der Anerkennung. Diesem Gebahren müssen falsche Anschauungen des Verstandes, falsche Urtheile zu Grunde liegen, weil sonst die der früheren Art des Kranken so ganz widersprechende Gemüthsreizung geradezu unerklärbar wäre. Diese Verstimmung dauert bis zum Tode fort.

Zuweilen werden die ersten Erscheinungen der Tuberkulose der Lungen von einem stürmischen Exaltationszustande, der sich bis zur Tobsucht steigern kann, begleitet, welcher sich beim Fortschreiten der Tuberkulose wieder verliert.

§ 167.

Steigen wir unter das Zwerchfell herab, so kommen wir in die Gegend, welche seit den ältesten Zeiten als Hauptquelle der Seelenstörungen angesehen worden ist. Wahr ist jedenfalls, dass keine extracerebrale Functionsstörung so sicher und so eigenthümlich auf die Verrichtungen der Seele wirkt, wie die Functionsstörungen der Unterleibsorgane. Erwägt man, wie beunruhigend und niederdrückend ein einfacher Magenkatarrh auf den Menschen einwirkt, wie abscheulich der Zustand ist, welcher dem Erbrechen vorhergeht, so wird man aus diesen alltäglichen Vorkommnissen die Wahrheit des obigen Satzes ersehen können. Was soll ich von den Leberkrankheiten, von der Gelbsucht sagen? Sie nehmen die Seele gefangen, so dass sie den Mittelpunkt der geistigen Thätigkeit bilden, die nicht blos ausschliesslich sich auf die wirklich vorhandenen Leiden richtet, sondern auch sich neue hinzudenkt, so dass das Gesammtseelenleben eigentlich nur noch ein Compendium der Pathologie wird (Hypochondrie). Ebenso schlimm steht es mit uropoetischen Organen, wobei weniger die schweren organischen und functionellen Nierenkrankheiten (Bright'sche Krankheit, Diabetes) als die Blasenkatarrhe in das Gewicht fallen. Sie quälen, sie beunruhigen, sie beanspruchen das ganze Bewustsein für sich und können so quälend werden, dass sie sogar zum Selbstmorde drängen.

§ 168.

Einer besonderen Erwähnung bedürfen noch die Geschlechtsorgane. Hier handelt es sich weniger um die Erkrankungen derselben, als um übermässige Anstrengung ihrer Functionen, wodurch

sie unter die Rubrik der erschöpfenden Agentien fallen, von denen
schon die Rede war. Von dem Einflusse des sexuellen Excesses
beim männlichen Geschlecht auf die Entstehung der Paralyse der
Irren ist schon die Rede gewesen. Auch der Functionen der weiblichen Geschlechtsorgane ist bei Gelegenheit der Nymphomanie schon
gedacht worden. Auch hier ist es wieder bemerkenswerth, dass
es grade nicht die schweren organischen Erkrankungen (Vorfall,
Gebärmutterkrebs etc.) sind, die Psychosen bedingen, sondern feinere
(functionelle) Störungen, Reizungen (ich habe mehrere Male Wahnsinn aus Filzläusen hervorgehen sehen), die so grosse Wirkungen
üben. Ja, jenes psychische Zerrbild, die Hysterie, beruht vermuthlich
auch auf jenen feineren, der Arzneikunst so wenig zugänglichen
functionellen Veränderungen in der Geschlechtssphäre.

§ 169.

Nach der üblichen Schablone hätten wir jetzt von der Prognose
der Seelenstörungen im Allgemeinen zu sprechen. In dieser Beziehung muss zunächst von den allgemein herrschenden Vorurtheilen
die Rede sein. Im Allgemeinen glaubt das grosse Publikum
(darunter eine sehr grosse Anzahl von Aerzten), dass vollständige
Heilungen zu den grössten Seltenheiten gehören und dass, wer einmal geisteskrank war, sich beständig in der Gefahr befinde, wieder
rückfällig zu werden. Was die bestrittenen Heilungen angeht, so
liegt dieser Anschauung Unkenntniss zu Grunde. Erstens erlebt
jede Irrenanstalt Jahr aus Jahr ein eine recht erhebliche Anzahl
von Heilungen, bei denen die Kranken vollständig zu dem Zustande
zurückkehren, in welchem sie vor der Krankheit sich befanden.
Dies ist aber der wahre Begriff der Heilung und es ist geradezu
sinnlos, zu verlangen, dass alle die Eigenthümlichkeiten, mit denen
ein Individuum geboren und erwachsen ist, durch die überstandene
Seelenstörung weggewischt sein sollten. Mit demselben Rechte
könnte man verlangen, dass ein Buckliger nach überstandener Melancholie grade gewachsen sein sollte. Dabei soll aber nicht ge-
leugnet werden, dass von den als „geheilt" aus einer Anstalt ent-

7*

lassenen Kranken ein recht respectabler Procentsatz nach kürzerer oder längerer Zeit wieder in der Anstalt erscheint. Anstatt aber daraus auf die Unheilbarkeit oder die Unsicherheit der Heilung der Seelengestörten überhaupt Schlüsse zu machen, thäte man besser, die Ursachen der Rückfälle zu erforschen. Eine Ursache wird man in der Persönlichkeit des Anstaltsvorstehers finden, von denen Einer, wenn die Krankheitserscheinungen geschwunden sind, freigebiger mit der Entlassung ist als ein Anderer, indem er die Reconvalescenz mit der Heilung verwechselt. Kommt dann ein Rückfall, so ist dieser nicht eigentlich als Rückfall, sondern als Recrudescenz eines noch nicht völlig abgelaufenen Krankheitsprocesses anzusehen. Es ist aber auch zweitens nicht zu vergessen, dass wenn auch nach wirklich erfolgter Heilung der Patient in das Meer von Ursachen, denen seine Krankheit entsprossen war, zurückgeschleudert wird, dieselben Ursachen auch dieselben Wirkungen haben werden. Da ist von keinem Rückfalle die Rede, sondern von einer neuen Erkrankung. Aehnliches passirt jedem Wechselfieberkranken, wenn er in seine Malariagegend zurückkehrt. Es ist aber auch drittens in Erwägung zu ziehen, dass die kritischen Urtheile über vorhandene Krankheitsreste bei den Entlassenen meistens von Laien herrühren, denen ein Urtheil um so weniger zugesprochen werden kann, als sie, geleitet von ihren Vorurtheilen, den aus der Anstalt Zurückgekehrten mit der schärfsten Kritik betrachten, um aus jedem Worte und aus jeder Bewegung desselben Stoff für ihre Beurtheilung zu entnehmen, wohingegen dem Kranken, der sich beobachtet fühlt, jede Unbefangenheit benommen wird.

Im Allgemeinen wird sich die Prognose nach der Individualität des Kranken richten, wobei jedoch einige Gesichtspunkte Allen gemeinsam sind.

§ 170.

Für präsumtiv heilbar werden 1) alle Fälle gelten, welche von frischem Datum sind. Eine scheinbare Ausnahme machen diejenigen Fälle, bei welchen zwar der in die Augen fallende Ausbruch erst vor Kurzem erfolgt, denen aber ein langes von der Umgebung erst jetzt als solches erkanntes Vorbereitungsstadium vorausgegangen ist. 2) Die Wahrscheinlichkeit der Heilung hängt aber auch wesentlich von der ersten Behandlung ab, welche man dem Kranken angedeihen lässt. Was die Familie dann thut, die in dem veränderten Benehmen der Kranken nur moralische Untugenden sieht, ist fast ohne Ausnahme falsch, so sehr sich auch achtbare Irrenärzte bemüht haben, durch populäre Ansprachen an das Publikum einer besseren Einsicht den Weg zu bahnen. Durch diese Missgriffe aber geht nicht nur kostbare Zeit verloren, sondern es wird auch die Reizbarkeit und Aufregung der Kranken direct gesteigert. 3) Im Allgemeinen kann man sagen, dass, je zeitiger der Kranke in die Anstalt kommt, desto mehr die Wahrscheinlichkeit der Heilung steigt. Dies ist, so weit sich hierüber allgemein Giltiges feststellen lässt, vielfach durch Anstaltsstatistik erwiesen. 4) Allerdings kommt bei den Heilresultaten viel auf die Anstalt an und wird diejenige (das ist meine subjective Meinung) die besten Erfolge erzielen, deren Vorsteher dem Ideale eines Irrenarztes am nächsten kommt. Auf die specifisch ärztlichen Ansichten lege ich dabei kein besonderes Gewicht, weil diese beim heutigen Stande der Wissenschaft so ziemlich Allgemeingut sind und in dieser Beziehung Einer vor dem Andern nicht viel voraus haben kann. Es kommt lediglich auf die moralischen Eigenschaften an. Wer nicht Liebe zur Sache und zur Person des einzelnen Kranken hat, wer nicht eine unendliche Selbstbeherrschung besitzt, so dass er sich von dem Betragen der Kranken, sei dies noch so widerwärtig oder beleidigend, nie und nimmer aus der Seelenruhe bringen lässt, wer es sich nicht zur Hauptaufgabe macht, das Leben der Kranken (die doch zugleich Gefangene sind) möglichst angenehm zu machen, der ist eben kein Irrenarzt. Beiläufig gesagt, liegt hierin ein Vorzug der (kleineren) Privatanstalten vor den (grossen) Staatsanstalten, dass die Liebe des Vorstehers dem Einzelnen in grösserem Maasse zufliessen kann, als wenn sie auf Hunderte vertheilt werden muss. Am ungeeignetsten sind diejenigen, welche eine Irrenanstalt nach dem Princip der Uniformität und der äusseren Ordnung regieren wollen. Diese Leute sind gut zum Kasernen-Inspector oder zum Corporal, aber nicht zum Psychiater. Sie können von dem, was Reil für den Irrenarzt fordert, nur Eins sich vindiciren („sein Gang sei majestätisch, seine Stimme donnernd"). 4) Dass die Anstalt nach hygienischer Vollkommenheit streben muss, wenn sie etwas Ordentliches leisten will, ist selbstverständlich und bedarf heutzutage kaum der Erwähnung.

§ 171.

Alles dieses vorausgesetzt, ist die Prognose der Psychosen nicht um ein Haar schlimmer als bei andern (wohlgemerkt) chronischen Krankheiten und der erfahrene Psychiater beobachtet sogar nicht selten Heilungen, wo er aus rationellen Gründen schon längst jede Hoffnung aufgegeben hatte. Leider kann er sich in derartigen Fällen höchst selten sagen, durch welche Momente die Heilung herbeigeführt worden ist. Wäre dies der Fall, so würde die Therapie der Psychosen schnellere Fortschritte machen, als sie bisher gemacht hat.

§ 172.

Sehr zweideutig ist die Prognose bei den in den klimacterischen Jahren vorkommenden, auf geschlechtlicher Involution beruhenden chronischen Reizzuständen des weiblichen Geschlechts (§ 156). Mir ist noch keine Heilung vorgekommen. Absolut schlecht ist die Prognose bei der Paralyse der Irren. Doch sei man hier in der Diagnose peinlich und halte sich genau an das von mir (§ 85 ff.) gezeichnete Bild.

§ 173.

Wir kommen nun zu dem schwierigsten Kapitel der Psychiatrie, der Therapie. Hier bietet sich zunächst die Frage dar, wie weit man sich auf die Einwirkung psychischer Agentien gegenüber der Einwirkung materieller Arzneimittel verlassen dürfe, eine Frage, die seit Reil's berühmtem Buche (Rhapsodien zur psychischen Kurmethode. Halle 1804) nicht mehr von der Tagesordnung verschwunden ist. Unter einem psychischen Arzneimittel verstehe ich ein aus dem Willen des Arztes hervorgehendes und auf die Seele des Kranken direct einwirkendes Verfahren. Man könnte also zunächst daran denken, dass es ärztliche Aufgabe wäre, an den Verstand des Kranken zu appelliren, d. h. den Versuch zu machen, durch Gründe der Logik etc. die Wahnvorstellungen zu widerlegen. Das wäre gewiss das beste und einfachste Verfahren. Leider ist dies Mittel absolut unwirksam. Einem Kranken etwas auszureden geht nicht, wie erfahrungsgemäss feststeht. Einen directen Einfluss auf den Willen des Kranken auszuüben geht leider auch nicht. Es bleibt uns also nichts übrig, als uns an das Gemüth (die Stimmung) zu adressiren. Hier kann nicht nur etwas, sondern sogar viel geleistet werden. Auf die Stimmung des Kranken, die ja immer verändert und bald gehoben, bald niedergedrückt ist, kann gewirkt werden und selbst der Irrenarzt, der nicht viel von psychischer Einwirkung hält, wird bereitwilligst zugeben, dass durch Fehler in dieser Richtung unsäglich viel geschadet werden kann. Wie unzählig viele Aufregungen, überhaupt Verschlimmerungen erlebt man nicht, welche nur durch unpassende Worte oder unpassendes Benehmen von Seiten des Wartepersonals hervorgerufen werden. Daher auch die vielen Klagen über die Schwierigkeit, ein geeignetes Wartepersonal zu beschaffen. Zwischen einer Irrenabtheilung, auf welcher die grösste wahrhafte Humanität seitens des Dienstpersonals (natürlich ohne weichliche Schwäche) geübt wird, und einer, in welcher Reizbarkeit, Empfindlichkeit und Neigung, Alles auf dem Wege der Repression durchzusetzen, die Zügel führen, ist ein gewaltiger Unterschied. Dort möglichste Ruhe, Vermeidung aller Excesse und seitens der Kranken leichte Lenkbarkeit, hier lautes Wesen, Uneinigkeit, Streit, Beleidigungen, Nothwendigkeit von oben einzuschreiten u. s. w. Man beurtheile selbst, wo die meisten Chancen zur Genesung der Kranken sein werden. Freilich genügt hier der gute Wille und die gute Gesinnung nicht allein. Die sind nicht so selten zu finden. Es gehört dazu ein gewisser Muth, der bei Conflicten nicht an sich selbst denkt, sondern nur die Zweckerreichung im Auge hat und selbst vor persönlicher Gefahr nicht zurückschreckt. Es gehört dazu aber auch eine angeborene geistige Begabung, die in schwierigen Fällen sofort das richtige Wort der Beschwichtigung findet. Das lässt sich leider nicht anerziehen.

Auf die Stimmung der Kranken kann man aber auch psychisch auf andere Weise einwirken, indem man unangenehme Empfindungen hervorruft, von welchen man hofft, dass sie die krankhafte Verstimmung ablenken. In dieser Richtung hat man zu verschiedenen Zeiten verschiedene Mittel ersonnen und angewandt. Hierhin gehören Vorrichtungen, welche Schwindel und Ekel erzeugen (so das heute vergessene Schwungrad, die Schaukel) oder überhaupt unangenehme Empfindungen erzeugen (wie die von Leuret empfohlene Douche und das Tropfbad, welche neben der Intimidation die Hauptsachen in seinem fälschlich „traitement moral" genannten Verfahren sind), in neuerer Zeit die Electropunctur (Ideler), in alter Zeit ganz einfach Prügel (Celsus). Hierher gehört auch, abgesehen von der medicamentösen Wirkung, die Einreibung der Autenriethschen Salbe als schmerzerzeugendes Mittel und der innerliche Gebrauch des Brechweinsteins in dosi refracta, um Ekel zu erzeugen Ein Blick auf diese Collection lehrt, dass es sich hier durchweg um Erregung von unangenehmen Empfindungen, welche als Ableiter dienen sollen, handelt, während es bisher nicht gelungen ist, Mittel oder Methoden zu erfinden, welche direct angenehme Empfindungen hervorrufen. Hier sind wir, mit Ausnahme der Fürsorge für das leibliche Wohl der Kranken, gute Kost, möglichste Beschäftigung derselben, Spaziergänge etc., auf die moralische Behandlung angewiesen und also doppelt verpflichtet, hierin das Möglichste zu leisten.

§ 174.

Dagegen wird heutzutage Niemand etwas einzuwenden haben, wenn ich behaupte, dass die Anwendung der im engeren Sinne sogenannten Heilmittel noch nicht so wichtig ist, als die Vermeidung alles dessen, was dem Kranken schaden oder die Krankheit verschlimmern kann. Auf dieser Anschauung basirt die uralte Anschauung von der vis medicatrix naturae. Es basirt auf ihr die

ganze neue desinficirende Verbandlehre. Es frägt sich nun, worin
liegen bei den psychischen Krankheiten die specifischen schädlichen,
die Krankheit verschlimmernden Einflüsse. Zunächst muss aber
darauf hingewiesen werden, dass alle Einsicht und alles therapeutische Wissen nichts nutzt, wenn der Arzt nicht in der Lage ist,
seine Verordnungen mit Sicherheit ausüben zu können. Er muss,
mit einem Worte, die Situation beherrschen können. Kann er dies
bei psychischen Krankheitszuständen an dem gewöhnlichen Wohn-
orte des Kranken, im Schoosse seiner Familie? Man lasse sich
durch das triviale Gerede nicht irre machen, dass ab und zu ein
Kranker im Familienkreise gesund geworden ist. Solche Fälle giebt
es, wie jeder Irrenarzt weiss. Wem fällt es denn aber ein, aus
den Ausnahmen die Regel zu construiren? Ist der Kranke depri-
mirt, trägt er sich mit düstern Vorstellungen, so wird der Anblick
und der Verkehr mit den ängstlich besorgten Verwandten und die
gesteigerte 'Aufmerksamkeit auf den Kranken, der am liebsten ganz
ungestört ist, nur zur Verschlimmerung des Zustandes beitragen.
Ist aber der Kranke gar aufgeregt, verlangt er immerfort etwas
und in jedem Augenblicke etwas Anderes, was nicht gewährt werden kann, so ruft jeder Widerstand einen Scandal hervor, dass die
Nachbarn zusammenlaufen, die Polizei herbeiholen und der Kranke
dann zwangsweise und unter grösster Aufregung doch in eine Anstalt gebracht werden muss, in welcher er dann im Zustande der
psychischen Verwilderung, was nicht zu seinem Vortheile gereicht,
eingebracht wird. Und ganz von diesen unangenehmen Even-
tualitäten abgesehen, welche Aussichten hat der Arzt in der Familie,
dass seinen Anordnungen Folge geleistet werde. Er schreibt eine
bestimmte Diät vor, aber das Essen passt dem Kranken nicht, er
bekommt es auch nicht in der von ihm geforderten Zeit und anstatt es zu geniessen, wirft er es seiner Umgebung in's Gesicht.
Die Umgebung nimmt das übel, wird heftig oder gar grob gegen
den Kranken und der Skandal, bei dem der Kranke jedesmal seinen
Willen durchsetzt, ist fertig. Der Kranke soll ein Bad nehmen,
aber er lässt sich nicht auskleiden; der nöthige Muth und die

nöthigen physischen Kräfte fehlen bei der Umgebung, das Bad kommt nicht zur Anwendung, statt dessen die grösste psychische Erregung des Kranken in einem Zeitraume, wo ihm grade die grösste psychische Ruhe nothwendig ist. Ganz anders in der Anstalt, wo sich der Kranke sofort von Personen umgeben sieht, denen er nichts zu befehlen hat und die auch event. seinen Befehlen nicht nachkommen. Er sieht sich von physischen Kräften umgeben, gegen welche er nicht aufkommen kann. So wirkt die blosse Ueberführung in die Anstalt sofort beruhigend auf den Kranken, so dass die Excesse, die seinen Aufenthalt in der Familie unmöglich machten, sofort in Wegfall kommen. Dies ist bei allen Kranken der Fall, bei welchen der Geist noch hell genug ist, um sich ein Urtheil über seine Umgebung zu bilden. Ist er aber bereits so verwirrt, dass dies nicht mehr der Fall ist, so wäre er ja unter allen Umständen für die Anstalt reif gewesen und kann ihm die Versetzung dahin, selbst nach dem Urtheile der Laien, nicht mehr schädlich sein. Uebrigens muss man anerkennen, dass die Vorurtheile des Laienpublikums gegen die zeitigen Aufnahmen der Kranken in die Anstalten doch nach und nach zurückgehen, ein Vortheil, zu welchem wohl hauptsächlich die günstigen Berichte über das Anstaltsleben seitens der Entlassenen beigetragen haben.

Als Axiom stelle ich daher auf: Die günstigste Situation für die Besserung und Genesung der Irren ist die Anstalt. Je früher der Kranke dorthin kommt, desto besser für ihn.

§ 175.

Wer die Anstalt so dringend empfiehlt, hat die Pflicht, nachzuweisen, worin im Allgemeinen und Besonderen die Wirkung der Anstalt, die wir als das Grundmittel und die therapeutische Basis der Therapie des Irreseins ansehen, besteht. Hierüber ist Folgendes zu sagen. 1) Die Basis, die Grundbedingung alles therapeutischen Einflusses seitens des Arztes ist, dass er die Situation vollständig beherrsche, dass er die Gewissheit habe, dass seine Anordnungen ausgeführt werden, dass er die Mittel habe, deren Ausführung erforderlichen Falles zu erzwingen. Dieser wichtigste Punkt ist, wie keiner weiteren Beweisführung bedarf, nur in einer Irrenanstalt zu leisten. 2) In der Anstalt ist der Arzt befugt und im Stande, das ganze Leben des Kranken nach seinem Heilzwecke zu ordnen. Er bestimmt die Zeit des Wachens und Schlafens, die Zeit und Art des Essens, die Zeit des Spazierengehens, der Beschäftigung etc., kurz, der Kranke, der unfähig ist, sich selbst zu leiten, befindet sich wie ein Rad in einer Maschine, welches genöthigt ist, seine Function zu erfüllen, ohne dass ihm dabei eine Initiative oder eine Wahl zukäme. Grade dieses Abnehmen aller geistigen Thätigkeit, welche die Anstalt und deren Mechanismus über sich nimmt, ist von der grössten Erspriesslichkeit für die Beruhigung des krankhaften erregten Geistes und spielt hier dieselbe Rolle, wie das verdunkelte Zimmer bei der Behandlung vieler Augenkrankheiten. 3) Manche hochwichtige Massregeln sind auch in den günstigsten Situationen nicht so auszuführen, wie in der Anstalt. Ich erwähne beispielsweise die Beschäftigung, namentlich bei weiblichen Kranken. Die meisten Kranken haben keinen Trieb dazu oder es fehlt ihnen die zu jeder, auch der kleinsten Arbeit erforderliche Constanz in der Anspannung der Aufmerksamkeit. In der Anstalt wirkt das Zusammensein mit andern, thätigen und arbeitsamen Kranken, ein gewisser Ehrgeiz, es den andern gleich zu thun, kleine Vergünstigungen bei der Beköstigung u. s. w. besser und schneller, als zu Hause alle Ermahnungen, Tadel, Drohungen gewirkt haben. 4) Es giebt, wie schon erwähnt, Kranke, welche alle Nahrung abweisen, wobei oft nur eine Wahnvorstellung (es sei Gift oder irgend etwas Abscheuliches in den Speisen), oft aber auch der Versuch des Selbstmords zu Grunde liegt. Ein gefährlicher Zustand, der im höchsten Grade bedenklich ist und ein sehr entschlossenes Auftreten des Arztes erfordert. Die Zwangsfütterung, welche hier das einzige sichere Mittel ist und gradezu als indicatio vitalis betrachtet werden muss, ist im Privathause sehr schwer mit der erforderlichen Consequenz auszuführen. Es ist sehr häufig gar nicht möglich, mehrmals täglich über einen grade in dieser Operation bewanderten

Arzt zu verfügen, man hat die Hülfsmannschaften nicht so zur Verfügung, wie es nöthig ist, man hat mit dem unvernünftigen Widerspruch der Verwandten, denen die Operation als Barbarei erscheint, zu kämpfen, kurz man erreicht nur sehr schwer und sehr unvollständig dasjenige, was in der Anstalt leicht und ohne Schwierigkeit herzustellen ist. 5) Dasselbe gilt, wie schon oben in Betreff der Bäder beiläufig erwähnt, von jeder anderen therapeutischen Massnahme (beispielsweise Einnehmen von Medicin), was oft ohne Zwang nicht auszuführen ist. 6) Die nothwendige Isolirung der Kranken kann auch nur in der Anstalt consequent durchgeführt werden, da in der Familie sich doch stets dieser oder jener gute Freund oder Freundin unter dem plausiblen Vorwande, dass grade dieser Besuch heilsam sein werde, sich Zutritt zu erbetteln oder durch ein Trinkgeld bei dem Wärter zu erschleichen weiss. 7) Die moralische Behandlung kann der Arzt auch nicht, wie er will, in der Familie leiten, da doch Jeder glaubt, es besser zu wissen als der Arzt und überhaupt ein psychischer Krankheitsfall die ganze Familie in einen Zustand von Erregung und Kopflosigkeit versetzt, der sie absolut ungeeignet zur Krankenpflege macht. Jede mittelmässige Krankenwärterin eignet sich dazu besser und parirt auch dem Arzte besser als die sich klug dünkende Familie.

§ 176.

Es sind im vorigen Paragraph mancherlei Fälle angedeutet, in welchen die zur Durchführung nothwendigen Massregeln erforderlichen Falles ohne, selbst gegen den Willen des Kranken ergriffen werden müssen. Das heisst mit andern Worten, es giebt Situationen, welche ein zwangsweises Vorgehen gegen den Kranken erforderlich machen. Man muss nur gerade mit der Wahrheit vorgehen: ohne Zwang keine Psychiatrie. Wenn ich einen Kranken durch List, Ueberredung oder mit Gewalt in die Anstalt bringe und ihn gegen seinen Willen in der Anstalt behalte, was tagtäglich geschieht und geschehen muss, so habe ich schon den höchstmöglichen Zwang geübt. Halte ich ihm die Hände, um ihn am Fenstereinschlagen zu verhindern, so habe ich ihm Zwang angethan. Ebenso wenn ich ihm mit Aufbietung von Gewalt ein Messer entreisse, mit dem er sich oder anderen den Hals abschneiden will. Ich übe Zwang, wenn ich ihn durch Zuhalten der Nase zwinge, die in den Mund gegossene Arznei zu verschlingen. Ich übe Zwang, wenn ich ihm die nothwendigen Speisen zu einer Zeit schicke, welche ihm nicht genehm ist, wenn ich die Stunden vorschreibe, wann er ins Freie gehen kann. Mit einem Worte, wer in die Anstalt kommt, muss bis ins Kleinste hinein seinen Willen gefangen geben und „kommt er nicht willig, so brauche ich Gewalt". Wer also sagt, ich behandle die Irren ohne Zwang, der spricht die Unwahrheit und es lohnt nicht der Mühe, sich mit ihm zu beschäftigen. Dabei bleibt allerdings noch die Frage offen, wie weit der Zwang gehen dürfe und welche Mittel zu seiner Ausführung die vom ärztlichen wie humanen Standpunkte zulässigsten und zweckdienlichsten seien. Noch bis gegen das Ende des vorigen Jahrhunderts wurde diese Frage sehr einfach und sehr praktisch gelöst. Man befestigte die Kranken mit einer eisernen kurzen Kette dicht an der Mauer und hatte allerdings dadurch am besten jeden Missbrauch der Freiheit unmöglich gemacht. Begreiflich wird dieses Gebahren, wenn man sich vergegenwärtigt, dass von einem ärztlichen Interesse an diesen Unglücklichen im öffentlichen Bewusstsein gar nicht die Rede war. Die Geisteskrankheiten galten für unheilbar und die Kranken wurden als eine Calamität betrachtet, gegen die man sich, so gut es eben ging, schützen musste. Es ist nicht ohne historisches Interesse, dass Pinel, der erste praktische Apostel der neuen Aera für das Irrenwesen, damit begann und dafür laut gepriesen wurde, dass er an die Stelle der Ketten, in Fällen wo Repression unabweisbar geboten erschien, die Zwangsjacke setzte (eine Leinwandjacke mit langen blinden Aermeln, die auf dem Rücken zusammengebunden werden, camisole de force, straight waistcoat), welche dem Kranken die freie Körperbewegung liess und nur die Thätigkeit der Hände beschränkte. Wenig hätte sich Pinel träumen lassen, dass schon nach etwa 50 Jahren ein erbitterter Kampf gegen die Zwangsjacke entbrennen würde, ein Kampf, der viel Rauch vor sich hertrieb, jetzt aber schon im Niederbrennen ist. Ich meine den in England vom Zaune gebrochenen Kampf wider die Anwendung alles und jeden mechanischen Beschränkungsmittels (System des non-restraints). Wäre in diesem Kampfe nur mit wissenschaftlichen Mitteln gekämpft worden, wäre die Frage ehrlich darauf gegangen, in wie weit die Anwendung des mechanischen Zwanges auf die Heilbaren eine Heilwirkung und auf die Unheilbaren eine Disciplinarwirkung ausüben könnte, event. was nach Abschaffung des mechanischen Zwanges an dessen Stelle mit dem gleichen Erfolge gesetzt werden könne, so wäre dagegen nichts zu erinnern gewesen. Es wäre eben eine Streitfrage der medicinischen Praxis gewesen, die allmälig durch Gründe und Erfahrung zur Klärung gebracht worden wäre. Dieser Weg wurde nicht beliebt, sondern die ganze Frage auf das ethische und persönliche Princip in der Art übertragen, dass es nicht hiess: wer heute noch mechanischen Zwang anwendet, steht nicht auf der Höhe der Wissenschaft, sondern, wer heute noch mechanischen Zwang anwendet, begeht eine unmoralische Handlung und ist ein schlechter Mensch. So erwarb sich dies System, welches durch eine rührige Presse unterstützt wurde, in England wenigstens, eine Zeit lang die öffentliche Meinung und machte es für die Andersdenkenden gradezu bedenklich, gegen die herrschende Mode aufzutreten. Jetzt lässt auch in England die Hitze nach und kühlen Beobachtern wird es nach und nach gelingen, die ganze Angelegenheit auf ihr richtiges Mass zurückzuführen.*)

§ 177.

In den vorigen Paragraphen ist wiederholt die Irrenanstalt als Basis einer erfolgreichen Therapie bezeichnet worden. Hieraus erhellt, dass sie selbst als das Haupttheilmittel angesehen werden müsse und es entsteht die Frage, wie dies Mittel beschaffen sein

---

*) Vgl. meinen Aufsatz zum No-restraint in der Allgemeinen Zeitschrift für Psychiatrie.

müsse, um die gehofften Wirkungen zu erzielen. Wir werden bei dieser Frage die äusseren Bedingungen von den inneren zu unterscheiden haben.

§ 178.

In äusserlicher Beziehung kommt zunächst die Lage der Anstalt insofern in Betracht, dass zunächst grosse Städte zu vermeiden und ländliche Lagen vorzuziehen sind. Erstens vertragen die Kranken eine weitere Trennung von den Ihrigen, von den Beschäftigungen etc. besser als eine zu geringe, bei der die Vorstellungen der Heimath häufiger und intensiver sind. Zweitens ist die Aufrechterhaltung der Isolirung in einer grossen Stadt viel schwieriger, weil der Zudrang der Verwandten und der zudringlichen sogenannten Freunde schwerer im Zaume zu halten und heimlicher Verkehr zwischen Kranken und bestochenem Dienstpersonale schwerer zu verhüten ist. Es fehlt in einer grossen Stadt namentlich auch meistens an einem hinreichenden luftigen Terrain, wodurch die unerlässliche Anlegung grosser Gärten und die Möglichkeit des wünschenswerthen landwirthschaftlichen Betriebes gefährdet ist. Also nicht in der Stadt, aber aus administrativen Gründen auch nicht allzuweit von derselben. Die Nähe eines Flusses, einer Eisenbahn, eines Waldes ist erwünscht.

Was den Bau der Anstalt betrifft, so darf mit dem Raume nicht gekargt werden. Die Zimmer und Corridore müssen hoch und luftig sein, weil in einer Irrenanstalt mehr Momente der Luftverderbniss vorhanden sind, als in einer gewöhnlichen Krankenanstalt (die Räume für die chirurgischen Krankheiten ausgenommen), Sämmtliche Beamte des Hauses, vom Director bis zum Nachtwächter, müssen im Hause selbst untergebracht werden. Die Geschlechter müssen natürlich getrennt sein und diese Trennung sich auch auf die Gärten erstrecken. Es muss auch dem Arzte die Möglichkeit gegeben sein, die Kranken nach ihren individuellen Eigenthümlichkeiten (ruhig und unruhig, reinlich und unreinlich, epileptisch oder nicht epileptisch) classificiren zu können. Auch seien für die Kranken Tagesräume und besondere Schlafräume vorhanden. Dringend wünschenswerth sind auch besondere Arbeitsräume (Nähzimmer etc), Heizung durch irgend ein Circulationssystem, Erleuchtung durch Gas, später durch elektrisches Licht. Wasserleitung wünschenswerth, besonders wegen der Möglichkeit der Closetanlagen. Wasserreichthum unerlässlich.

§ 179.

Soviel im Allgemeinen von den äussern Bedingungen. Die innern Bedingungen concentriren sich in der Persönlichkeit des leitenden Arztes und sind zum Theil schon erwähnt worden. Hauptsache ist, abgesehen von dem technischen Wissen, ein Grad von allgemeiner Bildung, wie er für den gewöhnlichen Praktiker immerhin wünschenswerth, aber nicht unbedingt nothwendig ist. Der Irrenarzt bedarf sie, um sich den verschiedenartigsten Bildungsstufen seiner Kranken gegenüber, der Aufrechterhaltung seiner Superiorität sicher zu fühlen. Denn ohne Autorität ist der Irrenarzt nichts. Auf diesen Punkt wird auch bei der Wahl der Hülfsärzte Rücksicht zu nehmen sein. Nur unter dieser Bedingung wird er im Stande sein, die Autorität des Directors und mit ihr seine eigne zu unterstützen. Wichtiger aber noch als der Bildungsgrad ist der moralische Charakter, der von jedem kleinlichen Ehrgeiz, von der Lust den Tyrannen zu spielen, jede Selbstständigkeit zu unterdrücken und dem Personale gegenüber ein nörgelnder Gebieter zu sein, vollständig frei sein muss. Tel maître tel valet, ist und bleibt ein feststehender Grundsatz, und wenn man so häufig Klagen hört über die Schwierigkeit, ein gutes Wärterpersonal zu beschaffen, so vergesse man obigen Grundsatz nicht. Instructionen, Predigen, Ordnungsstrafen, Fortjagen hilft wenig oder gar nichts. Das Beispiel ist Alles. Man vergegenwärtige sich, dass die Aufgabe des Irrenwärters eine ungemein schwierige ist und dass, wenn man ihm das Leben noch durch fortwährendes Tadeln und Strafen versauert, die Kranken die Zeche bezahlen müssen. Also auch hier sei Humanität, welche sich ganz gut mit Ernst und Strenge verträgt, die erste unverbrüchliche Regel.

Eine Irrenanstalt kann nur gedeihen, wenn der Arzt das leitende

Princip ist, er kann zwar durch Instructionen in feste Grenzen ein-
geschlossen werden, aber es darf im Hause keine Person geben, die
seinen Anordnungen, sei es nun aus Ehrgeiz, sei es aus Besserwissen-
wollen, hindernd entgegentreten kann. Von einem Besserwissen
kann ja nicht die Rede sein, wenn man erwägt, dass unsre Ver-
waltungsbeamten fast ohne Ausnahme aus dem an sich höchst acht-
baren Stande der Unterofficiere hervorgehen und dass diese wohl
nie den von uns geforderten höheren Bildungsgrad sich haben er-
werben können.

Entspricht der ärztliche Stand den von mir gestellten Anforde-
rungen, so wird von der, von Reil für wünschenswerth gehaltenen,
Anstellung eines Philosophen wohl abzusehen sein. Reil hat wohl
überhaupt mit seinem Vorschlage die Wichtigkeit der psychologischen
Einwirkung auf die Kranken betonen wollen und, der Ansicht seiner
Zeit gemäss, diese nur von der Philosophie erwarten können.
Ebenso können auch die Geistlichen nur als Werkzeuge in der
Hand des Arztes angesehen werden. Dem etwaigen Versuche der
Geistlichen, selbstständig, d. h. unabhängig von ärztlicher Leitung,
auf die Kranken einwirken zu wollen, muss entgegengetreten werden.

§ 180.

Wenn von der engeren medicinischen Behandlung der Geisteskrankheiten die Rede sein soll, so fällt uns bei einem Vergleiche
von sonst und jetzt zunächst der Unterschied ins Auge, dass man
früher bis ins Alterthum hinauf im Allgemeinen sehr viel energischer
gegen den Körper vorgegangen ist, als dies später der Fall war.
Wir erinnern zunächst an die Behandlung aller Seelenstörung mit
dem Helleborus (Helleborismus der Alten), für welche es ganz
detaillirte Vorschriften gab, die noch im vorigen Jahrhundert von
Lorry eines eingehenden Studiums und einer grossen Empfehlung
für würdig erachtet wurde. Bemerkt muss übrigens werden, dass
das Verfahren nicht bloss in dem Eingeben des Arzneimittels bestand, sondern dass mancherlei psychische Einflüsse die Einwirkung
der Arzneimittel befördern sollten, wohin Gebete der Aeskulap-

priester, der Aufenthalt in heiligen Hainen und das Schlafen in denselben zu rechnen sind. Die arzneilichen Einwirkungen des Helleborus bestanden in der Hervorrufung starken Erbrechens und Abführens und wird man zugeben, dass eine derartige therapeutische Grundidee sich mit zeitgemässen Abänderungen bis in die Neuzeit erhalten hat. Was in den vielen Jahrhunderten der Zwischenzeit geschehen ist, darüber ist bei dem Mangel der einschlägigen Literatur wenig zu sagen. Mit der Therapie der Psychosen hat man sich ebenso wenig beschäftigt wie mit diesen selbst. Erst seit dem Ende des vorigen Jahrhunderts hat man sich eingehender mit diesem Punkte beschäftigt. Lorry, der Hauptschriftsteller der Mitte des 18. Jahrhunderts, beschreibt, wie schon angedeutet, auf das Eingehendste mit den Helleborismus der Alten. Zu erwähnen würde noch Auenbrugger sein, der, wenig später als Lorry, den Campher unter gewissen von ihm näher bezeichneten Bedingungen als Specificum empfiehlt, eine Empfehlung, von der die gleichzeitigen englischen Praktiker (Perfect, Haslam) auch Gebrauch machten. In eine neue Phase trat die Angelegenheit durch W. Cullen, der alle Krankheiten incl. der Geisteskrankheiten unter den allgemeinen Gesichtspunkt der Erregung (excitement) und des Zusammenfalls (collapse) brachte und die Behandlung nach diesen Gesichtspunkten ordnete. Aehnlich handelte sein berühmter Schüler Brown, nur dass er an die Stelle der Cullenschen Ausdrücke die Worte Reizbarkeit und Schwäche (directe und indirecte) setzte, in praxi aber überall Schwäche witterte und für fast alle Fälle erregende Mittel empfahl. Dann kam Broussais, der überall Entzündung sah (daher der Spottname pathologie en ite) und dementsprechend mit Blutentziehungen und herabsetzender Diät vorging, ein Verfahren, welches sich in praxi nicht bewährt und mit dem ganzen Systeme wieder zu Grunde ging. Inzwischen begann die Anerkennung der Heilbarkeit des Irreseins und die Entwicklung der Irrenanstalten. Man sollte denken, dass damit die Basis der Entwicklung einer bestimmten und zuverlässigen Therapie gegeben wäre. Diese Hoffnung hat sich nur theilweise und nach einer bestimmten Richtung bewährt. Es konnte den Anstaltsärzten nicht verborgen bleiben, dass die nun allerdings sehr viel häufiger als früher erzielten Heilungen zum kleinsten Theile bestimmten Arznei- mitteln, zum grössten Theile den allgemeinen (hygienischen und moralischen) Einflüssen der Anstalt zuzuschreiben wären, woraus sich dann folgerichtig ein Mangel an Interesse für das Receptschreiben um so mehr ergeben musste, als das Suchen nach specifischen Heilmitteln vernünftigerweise als vergeblich betrachtet werden musste. In dem Grade, als das Vertrauen zu der Anstaltswirkung sich hob, in demselben Grade sank die Hoffnung auf die Erfindung oder Entdeckung specifisch psychischer Heilmittel. So sehr sich auch unsre Literatur und namentlich die Tagesliteratur entwickelt hat, so verhältnissmässig selten erscheinen doch in derselben specifisch therapeutische Arbeiten.

§ 181.

Es wird wohl das Zweckmässigste sein, zunächst bei einigen Methoden zu verweilen, welche längere Zeit die alleinherrschenden waren. 1) Von dem Gedanken ausgehend, dass man krankhafte Gemüthsstimmungen resp. Wahnvorstellungen dadurch beseitigen könne, dass man tiefgehende unangenehme Gefühle und Empfin- dungen hervorruft, die von den ursprünglichen pathologischen Zu- ständen das Bewusstsein ablenken sollten und doch zugleich in ihrem Masse von dem Willen des Arztes abhängig wären, boten sich die Empfindungen des Ekels als nächstliegendes Auskunftsmittel dar. Viele Jahre hindurch konnte der Irrenarzt mit Sicherheit darauf rechnen, dass ihm kein Kranker zugeführt wurde, den nicht der Hausarzt vorher mit einer sogenannten Ekelkur tractirt hatte, welche in der Anwendung des Brechweinsteins in refracta dosi, d. h. in einer solchen Dosis, welche nicht zur Hervorrufung von Emetocatharsis hinreichte, wohl aber ein dauerndes Gefühl des Ekels hervorzurufen im Stande war. Dass dies ein mächtiges De- pressionsmittel war, ist ganz richtig. Es ist aber ebenso richtig, dass es in allen Depressionszuständen verwerflich war, weil es widersinnig war zu glauben, dass eine vorhandene Depression durch eine neu hinzutretende Depression gebessert werden könnte. Aber auch die Aufregungszustände, welche doch wohl immer auf höchst unangenehme Empfindungen basirt sind, werden durch Addition neuer unangenehmer Empfindungen nicht gebessert. Dazu kommt, dass es bei allen Psychosen ohne Ausnahme die wichtigste Aufgabe ist, die leidende Ernährung in jeder Weise zu schonen und zu heben. Dazu dürfte doch eine Ekelkur das letzte Mittel sein. Uebrigens ist dies Verfahren auch in der Hand des gewöhnlichen Praktikers ganz obsolet geworden.

2) Der Brechweinstein hat noch nach einer andern Richtung hin eine Zeitlang eine nicht unwichtige Rolle in der Therapie der Psychosen gespielt. In der Zeit nämlich, in welcher man grosses Vertrauen auf die ableitende Methode setzte, empfahl Autenrieth die Anwendung der Brechweinsteinsalbe auf eine von den Haaren befreite Stelle des Kopfes. Sowohl die Erfolge dieser Methode als ihre bedenklichen Schattenseiten sind von Freunden und Gegnern stark übertrieben worden. So sagt Müller in Würzburg, ein nicht hinlänglich gekannter und gewürdigter Praktiker, dass man keinen Fall für unheilbar erachten dürfe, an welchem man diese Kur noch nicht versucht habe. Die Gegner sprechen von der Gefahr, dass das Periosteum mit in den Kreis der Entzündung gezogen und dadurch Nekrose und Exfoliation der Schädelknochen herbeigeführt werden könnte. Diese Gefahr ist, wenn nur einige Vorsicht bei der Anwendung dieser Methode gebraucht wird, mindestens gesagt, sehr übertrieben. Specielle Vorschriften hierüber hat M. Jacobi gegeben, die ich stets befolgt habe und deren Befolgung ich nicht bedaure. Die Wirkung der Brechweinsteinsalbe, die täglich ein- bis höchstens dreimal am Tage mittels eines Pinsels auf eine von Haaren befreite Stelle von der Grösse eines Fünfmarkstückes aufgetragen wird, zeigt sich nach circa 3 Tagen in einer mit grosser Empfindlichkeit verbundenen Entzündung der Haut, auf welcher dann einzelne Pusteln aufschiessen, die bald confluiren und eine gleichmässig eiternde Fläche darstellen. Wird dann mit der Einreibung noch fortgefahren, so entwickelt sich am Rande

der Geschwürsfläche ein Oedem, welches nach Jacobi's Darstellung
bis über die Stirn, resp. die oberen Augenlider sich erstreckt, sich
aber rasch wieder verliert, wenn der Reizzustand der Wunde durch
Kataplasmen gemildert wird. Ich selbst habe ein solches Oedem
nicht beobachtet, vermuthlich weil ich bei sorgfältiger Ueberwachung
der eiternden Fläche sofort das weitere Bepinseln unterbrach, wenn
mir die Entzündung der Wundränder irgendwie bedenklich erschien und erst nach 2—3 Tagen vorsichtig wieder begann. Auf
diese Art ist mir niemals etwas Unangenehmes passirt. Im Gegentheil habe ich constant beobachtet, dass, wenn Alles wieder geheilt
war, die Haare an der betreffenden Stelle so gut nachwuchsen, als
wenn nie etwas vorgefallen wäre.

Ich glaube immer noch, dass dies Mittel noch nicht den richtigen Standpunkt einnimmt, der ihm gebührt. Das mag wohl daher
kommen, dass man über den geeigneten Zeitraum seiner Anwendung noch nicht im Klaren ist. Vor Allem dürfte es unpassend
sein in frischen, acut auftretenden, mit grosser Reizbarkeit und Erregung einhergehenden Fällen. Hier, wo Alles darauf ankommt,
Alles, was reizen kann, möglichst hermetisch abzusperren, scheint
es ganz irrationell, ein so mächtiges Reizmittel zulassen zu wollen.
Und ebenso widersinnig ist es, bei einem bis zum Blödsinn abgelaufenen Krankheitsprocesse von dieser Methode noch Hilfe zu erwarten. Hieraus ergiebt sich der richtige Zeitpunkt von selbst.
Es wird die Epoche sein, in welcher nach unserer Auffassung der
Wahnsinn beginnt in die Verwirrtheit überzugehen. In solchen
Fällen habe ich wirklich einige überraschend glückliche Erfolge
gesehen und möchte rathen, dem Mittel wieder eine grössere Aufmerksamkeit zuzuwenden, als dies augenblicklich der Fall zu sein
scheint.

§ 182.

Wir gehen jetzt zu einer anderen Klasse von Mitteln über.
Erwägt man, dass nervöse Aufregung und ganz besonders Schlaflosigkeit sehr häufige und sehr unangenehme Begleiter der ver-

schiedenartigsten Psychosen sind, so wird man es begreiflich finden, dass man seine Blicke schon frühe auf die Klasse der narcotica gerichtet hat. Ob hierher bereits der Helleborismus der Alten zu rechnen ist, können wir nicht entscheiden, da uns Genaueres über die Wirkung, namentlich die narkotischen Wirkungen der von den Griechen angewandten Pflanze, die nicht identisch ist mit dem bei uns einheimischen Helleborus, nicht bekannt ist. Seitdem aber das Opium in den Händen aller Praktiker ist, wurde es vielfach als Beruhigungsmittel angewandt, bis Brown mit seiner lauten Behauptung: Opium meherde non sedat, diesem Cultus ein Ziel setzte oder seine Anwendung wenigstens nach einer anderen Richtung ablenkte. Das Wahre an der Sache dürfte wohl Folgendes sein: Dass das Opium manchmal gute Beruhigungsdienste leistet wird kein vernünftiger Mensch leugnen, er wird aber auch zugeben, dass es sehr oft diese Dienste nicht nur nicht leistet, sondern sogar die vorhandene Erregung steigert und jedenfalls den erwünschten Schlaf nicht herbeiführt. Und selbst wenn es die letztere Wirkung thut, so ist ein solcher Opiumschlaf schon deshalb nicht mit einem, ich möchte sagen physiologischen Schlafe zu identificiren, als der Kranke aus dem Opiumschlafe meist verwirrter erwacht, als er eingeschlafen war. Nach meiner unvorgreiflichen Meinung stellt sich die Sache so: In allen den nicht seltenen Fällen, in welchen die Erregung von, ich möchte sagen, zufälligen schmerzhaften Zuständen herrührt (neurotische Affectionen in sensiblen Nerven, z. B. im Gebiete des Quintus, Zahnschmerzen, sogenannte rheumatische Muskelschmerzen an den verschiedensten Körperstellen u. dgl. m.), beseitigt das Opium diese Störungen, wenigstens für den Augenblick, und bringt dadurch dem Kranken wesentliche Erleichterung. Aber leider ist dies nicht für die Dauer und geheilt wird wohl noch kein Kranker durch diese Methode sein. Dass ein methodischer Opiumgebrauch für die Melancholie vorgeschlagen worden ist, sich aber für die Dauer nicht zu erhalten gewusst hat, ist schon früher erwähnt worden (s. § 53).

§ 183.

Wir kommen zunächst zum Morphium, welches in der Psychiatrie eigentlich erst dann eine Rolle zu spielen begann, als die subcutane Methode gang und gäbe wurde. Das Morphium hat vor dem Opium den nicht zu unterschätzenden Vorzug, dass es die Darmbewegungen nicht inhibirt, was gerade bei Psychosen sehr wichtig ist. Die Morphium-Injection ist in ihren Wirkungen prompt und schnell, wenn auch diese Wirkungen nicht so lange anhalten, wie die des innerlich angewendeten Opiums und Morphiums. Aber sie hat auch ihre grossen Bedenken. Bei grossen Aufregungszuständen hat die schnelle Beruhigungswirkung für die Umgebung, für Arzt und Kranken etwas Verführerisches, und da sich der Kranke schnell an die angewandte Dosis gewöhnt, so wird der Arzt gedrängt, mit der Dosis zu steigen, bis er bald an die Grenze kommt, die er doch nicht überschreiten mag. Was dann, wenn man von dem mächtigsten Mittel abzugehen genöthigt ist? Auch ist die Sache dadurch bedenklich, dass man dem Kranken es allzu leicht zum Bedürfniss macht, in welchem Falle dann, wenn das Bedürfniss nicht mehr befriedigt wird, sehr unangenehme Erscheinungen entstehen können. Man kann daher das Morphium nicht im Allgemeinen empfehlen, sondern wird es auf die Fälle beschränken müssen, welche im vorigen § als für den richtigen Opiumgebrauch passend angesehen wurden.

§ 184.

Von den übrigen Narcoticis ist nicht viel zu sagen, da keines derselben sich zu irgend einer Zeit einer bedeutenden Fürsprache zu erfreuen gehabt hat. Wohl aber schliessen sich ihnen 2 Mittel an, die als directe Beruhigungsmittel für das Gehirn angesehen werden und deshalb gegen Psychosen mit Aufregung in Gebrauch gekommen sind. Das eine, bereits wieder vergessene, ist das von dem sonderbaren Schwärmer Rademacher empfohlene Zincum aceticum. Das andere, von jüngerem Datum und heute noch stark in der Mode seiende, ist das Bromkali. Sowie der Irrenarzt früher keinen Kranken in Behandlung bekam, der nicht vorher seinen Tartarus stibiatus geschluckt hatte, so bekommt er ihn jetzt fast immer erst, wenn der Hausarzt sein Bromkali verordnete. Jedenfalls irrt man sich aber, wenn man sich von diesem Mittel eine prompte schlafmachende Wirkung verspricht. Das Bromkali, welches man wohl nach seiner unleugbaren günstigen Einwirkung auf die epileptischen Kranken mit Recht als ein Heilmittel bezeichnen darf, bedarf immer einer längeren Einwirkung und einer steigenden Anwendung, ehe man überhaupt Folgen seiner Einwirkung sieht, die übrigens unter Umständen recht unangenehm werden können (Zerstörung der Verdauung, Respirationskatarrhe und selbst statt Beruhigung starke psychische Aufregung). Doch glaube ich, dass die Anwendungsmethode noch starker Verbesserungen fähig ist und dass dies Mittel noch eine Zukunft hat. Das empfohlene milchsaure Eisen habe ich noch nicht versucht.

§ 185.

Die Neuzeit hat uns noch 2 Mittel kennen gelehrt, die hier Erwähnung verdienen. Hierher gehört 1) das Chloral, dessen einschläfernde Wirkung ausser allem Zweifel steht und welches auch schon bei der Therapie des Delirium tremens gebührende Erwähnung gefunden hat. Es lag sehr nahe, dies Mittel, welches bei vorsichtiger Anwendung keine erheblichen unangenehmen Nebenwirkungen hat, bei verschiedenen Aufregungszuständen und namentlich, wo es sich um Beseitigung der stets so unangenehmen Schlaflosigkeit handelt, in Gebrauch zu ziehen. Doch muss ich nach meiner persönlichen Erfahrung sagen, dass man sich auf die Wirkung nicht so sicher gefasst machen darf, wie wir dies bei der Behandlung des Delirium tremens erprobt haben. Möglicherweise liegt dies an der Dosiologie, welche zu ihrer Feststellung einer noch grösseren Erfahrung bedarf. Die Versuche, das Chloral in gebrochener Dosis den Tag über gebrauchen zu lassen, haben bis jetzt zu beachtenswerthen Resultaten nicht geführt. 2) Das Amylnitrit, dessen Empfehlung von viel jüngerem Datum ist, wirkt schnell und mächtig auf das Gehirnleben ein und es wird ihm nachgerühmt, dass es bei Zuständen von melancholischer Versunkenheit und Abneigung gegen das Sprechen die Situation in der Art aufklärt, dass der Gesichtsausdruck sich erheitert und der Kranke zum Sprechen geneigt erscheint. Diese Besserung dauert allerdings nur minutenlang, bis der Amylnitritrausch wieder verflogen ist. Die Anwendung des Amylnitrits geschieht in der Art, dass man einige Tropfen davon inhaliren lässt. Nach sehr kurzer Zeit röthet sich das Gesicht, der Puls wird frequenter, das Athemholen beschleunigt, dann ist es hohe Zeit, mit der Inhalation inne zu halten, dann aber sollen sich auch die günstigen psychischen Zeichen einstellen. Für die körperlichen Erscheinungen kann ich einstehen, nicht so für die psychischen, was aber daran liegen kann, dass die Auswahl der Fälle keine glückliche war. Auch das Amylnitrit scheint mir eine Zukunft zu haben, besonders wenn es sich bewähren sollte, dass die Inhalation desselben beim Beginn eines epileptischen Anfalls die Macht habe, den Anfall zu coupiren. Die letztere Thatsache ist schwierig festzustellen, da man das Mittel nicht füglich dem Wartepersonale überlassen darf und es doch immer relativ selten ist, dass der Arzt gerade beim Ausbruche des Anfalls in der Nähe ist.

§ 186.

Ueberblicken wir, was in den letzten §§ über die Therapie der Psychosen gesagt ist und welches doch, wie ich glaube, die Hauptsachen umfasst, so erscheint das Resultat allerdings erbärmlich. Aber vielleicht scheint es nur so. In Anbetracht der so zahlreichen und dauerhaften Heilungen dürfen wir die stolzbewussten Therapeuten und Chirurgen nur an ihre Tuberculose, ihren Diabetes, ihren Krebs erinnern, um sie zu schamvollem Schweigen zu bringen. Analysiren wir jedoch unsere Heilungen und fragen wir, was in jedem solchen Einzelfalle die Heilung herbeigeführt hat, so werden wir zu dem Resultate kommen, dass es nur zwei grosse Heilmittel giebt und zwar 1) die Hygiene, repräsentirt durch

die Irrenanstalt, und 2) die psychische Einwirkung des behandelnden Arztes. Dass auf dem letzteren Wege Wahnvorstellungen nicht
direct beseitigt werden können, weiss ich so gut wie jeder Andere
und habe es auch schon ganz bestimmt ausgesprochen. Aber
nicht alle Geisteskranken leiden an Wahnvorstellungen, wohl aber
leiden alle an Gemüthsverstimmungen und wer da leugnet, dass
der Arzt in dieser Beziehung ungeheuer viel leisten kann, der ist
eben kein Irrenarzt, sondern ein Ignorant, der besser thut, von der
Sache fern zu bleiben. Wer glaubt, mit theoretischen Floskeln
(z. B. die Seelenstörungen sind Gehirnkrankheiten) den Kranken
helfen zu können oder die Therapie in neue Wege zu leiten, der
ist unwahr gegen sich selbst. Er kann den Beifall seiner Clique
durch Artikel, welche in ein medicinisches Modejournal gehören,
gewinnen und wenn seine Clique zufällig in den höheren Regionen
Einfluss hat, kann er Aemter, Ehren, Titel etc. erlangen, aber zu
einem dauernden Ehrenplatze in der Literatur wird er es nicht
bringen.

Vom psychischen Arzte wird man mit Recht verlangen, dass
er in keinem Fache der Therapie ein Fremdling sei, dass er die
Strömung seiner Zeit verstehe und ihr zu folgen suche. Damit ist
aber seine Wirkung nicht abgeschlossen. Er muss, da er mit
Seelenstörungen zu thun hat, praktischer Psychologe sein. Um
dies zu sein, muss er einen hohen Grad allgemeiner Bildung besitzen, ohne welchen der gewöhnliche Praktiker allenfalls durch-
kommt (wie man aus dem Haufen ungebildeter, aber oft sehr
erfolgreicher Pfuscher, Schwindler etc. ersehen kann, von denen in
der Psychiatrie, von welcher auch die Homöopathen sich gern
drücken, bis jetzt, Gott Lob, noch wenig die Rede war), der
Psychiater aber eine reine Null ist. Schon deshalb verdiente das
Studium der Psychiatrie von Seiten des Staates eine bessere Be-
rücksichtigung, als ihr bisher zu Theil geworden ist. Auch vergesse man nicht, dass die Cultur der Psychiatrie, welche ihrer
Natur nach einem plumpen Materialismus nicht wohl verfallen kann,
sich als ein Schutz gegen das Hereinbrechen des Letzteren zu be-

währen berufen und ausserdem geeignet ist, dem encyclopädischen Treiben der Jetztzeit gegenüber dem Idealismus und der Originalität noch eine Stätte offen zu lassen.

Hiermit sei das Kapitel der Therapie geschlossen. Ueber die vielfachen wichtigen Beziehungen, in welche die Psychiatrie zum Staatsleben tritt, will ich mich in einem besonderen Abschnitte (s. Anhang) äussern.

Anhang.

—•o•—

Die Beziehungen der Psychiatrie zum Staatsleben lassen sich ungezwungen unter drei Gesichtspunkte bringen.

1) Die Irren sind Kranke, beziehungsweise Hilflose, und ausserdem nicht selten Gemeingefährliche. In allen diesen Punkten kommen sie mit der Staatspolizei in Berührung. Es muss, da die Kraft des Einzelnen nicht ausreicht, von Staatswegen für Krankenhäuser (Irrenanstalten) gesorgt, der Zutritt zu denselben möglichst erleichtert werden. Die Anstalten müssen mit der Entwickelung unserer Kenntnisse von dem, was Noth ist, fortschreiten. Der Staat hat aber auch die Pflicht, für die Möglichkeit zu sorgen, dass die Aerzte, welche doch stets die Hauptsache sein werden, Gelegenheit finden, sich für dies Fach auszubilden. Er muss dafür sorgen, dass an jeder Universität psychiatrische Vorlesungen und wo möglich psychiatrische Klinik gehalten werde, und er muss, um seiner Pflicht zu genügen, von dem Arzte, der die staatliche Approbation nachsucht, den Nachweis (Examen) verlangen, dass er in dieser hochwichtigen Disciplin nicht rudis geblieben ist. Wo die Universitätsklinik absolut unmöglich ist, ein Fall, der in einer Universitätsstadt kaum denkbar ist, muss der Staat sich mit den öffentlichen Anstalten der Provinz in Verbindung setzen, um wenigstens die Abhaltung von Feriencursen zu ermöglichen. Dann, aber auch nur dann, hat er seiner Pflicht genügt.

2) Jedes Mitglied einer Staatsgesellschaft erhält in derselben gewisse Rechte und gewisse Pflichten. Der Genuss dieser Rechte und die Leistung dieser Pflichten hängt natürlich davon ab, dass der einzelne Bürger im Vollbesitz seiner geistigen Fähigkeiten sei. Es kann also, da erfahrungsgemäss einzelne Individuen zeitweise oder dauernd durch Krankheiten in dem Besitze dieser Fähigkeiten oder dem richtigen Gebrauche derselben behindert sind, der Staat in die Lage kommen, als richterliche Behörde darüber zu befinden, ob ein Individuum sich in der eben bezeichneten Lage befindet, ob ihm demgemäss seine Rechte und Pflichten genommen und durch den Staat oder dessen Beauftragten (Vormund) ausgeübt werden sollen. Das hierauf abzielende Verfahren heisst Bevormundung, Blödsinnigkeitserklärung, Entmündigung, Mundtodterklärung, Interdiction.

3) Der Staat verbietet aber auch gewisse Handlungen im öffentlichen Interesse und setzt Strafen auf deren Begehung. Bei der Beurtheilung solcher Vorkommnisse untersucht der civilisirte Staat nach 2 Richtungen hin und unterscheidet den objectiven Thatbestand (die Handlung, wie sie wirklich geschehen ist, und deren Folgen) und den subjectiven Thatbestand (den Seelenzustand des Thäters, in wiefern derselbe denselben unfähig macht, die Stimme des Gesetzes zu verstehen, oder, wenn er sie schon verstanden, die Willensfreiheit besass, dieser Stimme gemäss zu handeln). Müssen diese beiden Fähigkeiten dem Thäter abgesprochen werden, so tritt eine Milderung der Strafe, unter Umständen Befreiung von derselben ein. Diese Frage nennt man die nach der Zurechnungsfähigkeit. In allen Fällen gilt in der heutigen Zeit allgemein der Grundsatz, dass der Arzt der geborene Sachverständige und dass unter den vielen Berufenen die Irrenärzte die Auserwählten seien.*)

---

*) Man hat nicht immer so geurtheilt. Kant (in seiner pragmatischen Anthropologie) hat den Satz aufgestellt, dass bei der Incompetenz des Richters bei Beurtheilung krankhafter Seelenzustände und der dadurch bedingten

Es soll nun eingehender untersucht werden, welche Rolle dem Arzte nach diesen drei Richtungen zufällt.

§ 1.

1) Polizei. Die Fürsorge der Polizei hat sich zunächst und wesentlich damit zu beschäftigen, wie sie die zu ihrer Kenntniss kommenden Irren am schnellsten und besten unterbringt. Unter diesem Gesichtspunkte hat sie die generelle Aufgabe, die Kranken so bald wie möglich und so schonend wie möglich den geeigneten Anstalten zuzuführen oder wenigstens die Wege dahin zu eröffnen. Es ist eine sehr untergeordnete Meinung von der Aufgabe der Polizeibehörden, wenn man glaubt, dass sie bei diesen Fragen nur

---

Nothwendigkeit, sich anderswohin um Rath zu wenden, nicht die gerichtliche Medicin (medicinische Facultät), sondern die philosophische Facultät um Rath anzugehen sei. Diese Ansicht ist mit Recht und mit praktischem Erfolge bekämpft worden (Metzger u. A.). Man hat bei diesem Streite übersehen, worin Kant Recht hatte. Das Richtige seiner Ansicht bestand darin, dass es sich bei gerichtlichen Fragen (Dispositionsfähigkeit, Zurechnungsunfähigkeit) um rein psychologische Zustände handelt und dass ein Hineinmischen medicinischer Kenntnisse nur Sache der Eitelkeit ist. Das Unrichtige bei Kant lag darin, dass praktische Kenntniss der krankhaften Seelenzustände in der landesüblichen Psychologie nicht vorhanden war und dass folgerichtig die philosophische Facultät nicht dasjenige Maass von psychologischer Kenntniss umschloss, welches den Richter aufzuklären im Stande gewesen wäre. Da es sich bei den einschlägigen Fragen immer nur um krankhafte Seelenzustände handelt, von denen nur die Irrenärzte und zu Kants Zeiten auch diese nur sehr geringe Kenntniss hatten, so musste man sich faute de mieux an die Aerzte halten, wie auch überall geschieht. Dass aber auch 90 Jahre nach dem Erscheinen des Kant'schen Buches und nachdem die Kenntniss der kranken Seelenstörungen sehr respectable Fortschritte gemacht hat, die deutschen medicinischen Facultäten in dieser Beziehung so weit zurückgeblieben sein würden, dass die Psychiatrie in den meisten medicinischen Facultäten gar nicht vertreten ist, konnte der scharfsinnige Denker nicht vorhersehen. Wollte der Richter sich in schwierigen Fällen an die medicinischen Facultäten wenden, so würde er in den meisten Fällen höchst klägliche Gutachten erhalten, die zur Aufklärung des Thatbestandes nicht das Mindeste beitragen und höchstens den Anspruch auf Dilettantenwerk machen könnten.

nach dem Gesichtspunkte der Gemeingefährlichkeit zu handeln habe. Thut sie dies, so ist sie eben nur Strassenpolizei, hat aber auf den ehrenvollen Titel „Medicinalpolizei" keinen Anspruch. In beiden Fällen wird sie der Beihilfe des Arztes nicht entrathen können. Unter dem medicinalpolizeilichen Gesichtspunkte wird die Frage an den Arzt lauten müssen: Ist das betreffende Individuum wirklich geisteskrank und ist seine Aufnahme in die Irrenanstalt ärztlicherseits in seinem Interesse und im Interesse der bürgerlichen Gesellschaft zu wünschen? Diese Frage ist nicht immer leicht zu beantworten. Der Arzt muss feste Grundsätze über diesen Punkt haben und diesen rücksichtslos nachleben. Es handelt sich hier zunächst, wie man leicht einsieht, um die Diagnose der Seelenstörungen. Die Stellung des Polizeiarztes wird dadurch in praxi oft sehr erschwert, dass der Kranke über seinen Zustand Auskunft zu geben entweder nicht im Stande oder nicht gewillt ist und der Arzt daher auf die Mittheilungen einer ihm unbekannten, jedenfalls zur Beurtheilung von krankhaften Seelenstörungen ganz ungeeigneten Umgebung angewiesen ist. Dazu kommt die durch alle Stände verbreitete Neigung, alle auf den krankhaften Seelenzustand bezüglichen Thatsachen entweder zu leugnen oder im mildesten Lichte darzustellen, damit nur ja der Arzt nicht auf den Gedanken komme, der Kranke sei verrückt. Hat der Arzt sich mit sich selbst über die Hauptfrage geeinigt, so ist nach meiner Ansicht die Unterbringungsfrage erledigt. Der Kranke gehört in die Anstalt. Da diese Ansicht aber nicht von Jedermann getheilt wird, so wird es sich in praxi empfehlen, wenn der Arzt seine Aufmerksamkeit nach hippokratischen Grundsätzen auf die Umgebung des Kranken richtet und sich die Frage vorlegt, ob die Möglichkeit, dem Kranken in derselben die erforderliche medicinische und moralische Behandlung zu gewähren, vorliegt oder nicht und diesen Punkt in sein Urtheil aufzunehmen. Hierbei wird es allerdings vorkommen, dass der Polizeiarzt es mit einer Unterbringung in die Anstalt da nicht so eilig hat, wo Reichthum und Bildung die Anstalt im eigenen Hause wenigstens bis auf einen gewissen Grad ersetzen kann.

§ 2.

2) Entmündigung. Wenn von der ärztlichen Aufgabe in Bezug auf das Entmündigungsverfahren die Rede ist, so fasse man zunächst ins Auge, dass, wenn es bei der polizeilichen Frage sich zunächst um die ärztliche Diagnose (ob Irrsinn oder nicht) handelt, bei der civilrechtlichen Frage es sich um ganz andere Dinge handelt. Wenn die Gesetzgebungen aller Zeiten den Grundsatz aufgestellt hätten, jeder Geisteskranke muss bevormundet werden, so wäre die Aufgabe des Gerichtsarztes identisch mit der des Polizeiarztes. Es handelte sich um die Frage der Diagnose. Die Gesetzgebungen sind nicht der Ansicht gewesen, dass der blosse Nachweis einer beliebigen Seelenstörung zur Einführung der Vormundschaft genüge, sondern sie haben entweder bestimmte Formen gekannt (beispielsweise der code civil, welcher fureur, démence und imbécillité aufführt) oder sie haben dem aufgeführten Namen specielle Definitionen hinzugefügt (wie z. B. das preussische Allgemeine Landrecht mit seinem bekannten Wahnsinns- und Blödsinnsparagraphen). Ich würde mich unbedingt für das erste System entscheiden, wenn unsere Klassification eine feststehende, von Allen acceptirte wäre. Da dies bekanntlich nicht der Fall ist, so kann dies Verfahren zu den allergrössten Schwankungen in der Namengebung führen, und dadurch dem Richter jede Basis für sein Urtheil entzogen werden. Ich finde daher das zweite System unter dem praktischen Gesichtspunkte noch besser. Denn den Einwand, dass die im Gesetzbuche aufgestellten Definitionen nicht den Ansichten der Wissenschaft, welche ja auch dem Wechsel unterworfen sind, nicht entsprechen, halte ich nicht für sehr schwer wiegend. Denn nicht auf den Namen der Krankheit kann es dem Richter ankommen, sondern auf den Inhalt der gesetzlichen Definition und diese schreibt wiederum dem Gerichtsarzte seine Aufgabe ganz bestimmt vor.

Auf welche Weise kann nun der Gerichtsarzt diese bestimmte Aufgabe lösen? Ist es möglich, in einem ad hoc vor dem Richter anberaumten Termine, durch Unterhaltung mit dem Provocaten

(so heisst der Kranke, wenn sein Seelenzustand vor Gericht untersucht wird) seinen Seelenzustand gründlich zu ermitteln, resp. festzustellen? In sehr vielen Fällen ist dies geradezu unmöglich. Sehr
viele Kranke, in deren Innerem es sehr confuse aussieht, besitzen
noch in hohem Grade das Vermögen, ihre Wahnvorstellungen zu
verheimlichen (dissimuliren) und jeder Frage sorgfältig aus dem
Wege zu gehen, durch deren Beantwortung sie sich compromittiren
könnten. Es ist daher unerlässlich, dass sich der Gerichtsarzt schon
vor dem Termine über den Zustand des Provocaten möglichst genau informire. Zu diesem Zwecke gehören Vorbesuche an dem gewöhnlichen Aufenthaltsorte des Provocaten (welche in manchen Län-
dern, z. B. in Preussen, gesetzlich vorgeschrieben sind), genaueste
Erforschung bei der Umgebung des Kranken, schliesslich die Verbindung mit dem behandelnden Arzte, wenn es einen solchen giebt.
Ist dies Alles geschehen, so kommt der Gerichtsarzt schon vorbereitet zum Termin, er kann die Unterhaltung nach seinen Zwecken
leiten und durch die vorher gewonnene Bekanntschaft mit den
Eigenthümlichkeiten des Provocaten und seinen Lieblingsideen zu
Resultaten gelangen, die er ohne diese Vorkenntnisse niemals erreicht haben würde.

Wie die Unterhaltung im Termine zu führen sei, darüber
lassen sich, bei der ungeheuren Verschiedenheit der Fälle, keine
allgemeinen Regeln aufstellen. Die Fingerzeige, die ich jetzt geben
will, haben aber wenigstens das für sich, dass sie nicht ausgedacht,
sondern einer grossen praktischen Erfahrung entnommen sind.

1) Man beginne das Gespräch mit gleichgiltigen Fragen, die
sich auf die Person des Provocaten beziehen, in der Absicht, denselben zur Ruhe und Besonnenheit zu führen, welche den meisten
Menschen, sowie sie merken, dass es sich um einen gerichtlichen
Termin handelt, zu fehlen pflegt. Das Gespräch führe man ruhig
und zwanglos und leite es in die Gegend der Wahnvorstellungen
(ich setze voraus, dass man diese aus den Vorbesuchen kennt).
So wie der Kranke unter dieser Leitung oder auch aus innerem
Antriebe etwas von seinen krankhaften Vorstellungen laut werden

lässt, so klammere man sich an diesen Punkt leise und vorsichtig fest und lasse nicht mehr locker, bis das Gewünschte heraus ist.

2) Dissimulirt der Kranke mit einer gewissen Energie, so kann er manchmal den Sachverständigen in Verzweiflung und so weit bringen, dass dieser die Erklärung abgeben muss, er sei heute nicht im Stande, ein definitives Urtheil auszusprechen und stelle daher dem Richter die Fortsetzung, eventuell die Wiederholung des Verfahrens anheim.

3) Antwortet der Kranke gar nicht, was zuweilen vorkommt, und entweder durch fixe Ideen desselben oder auch durch einen hohen Grad von Geistesschwäche bedingt ist, so bleibt nichts übrig, als sich auf dasjenige zu stützen, was man bei den Vorbesuchen oder sonstwie aus glaubwürdiger Quelle erfahren hat, gebe aber auch diesen Ursprung des Wissens genau und gewissenhaft an.

4) Erfolgen im Provocationstermine die Antworten auf die vorgelegten Fragen so prompt und für das Verständniss der Fragen beweisend, so kann das Protokoll so schön ausfallen, dass es nicht den geringsten Verdacht auf Geisteskrankheit begründen hilft. Hier kommt sehr viel auf die Beurtheilung der Fragen an, ehe man Schlüsse machen darf. Denn der Richter frägt ja nicht, ob der Provocat im Stande sei, eine Frage zu verstehen und eine richtige Antwort zu geben, sondern er will sich von dem Zustande des Denkens, Schliessens etc. überzeugen. Alle Fragen also, deren Beantwortung kein Denkvermögen in Anspruch nehmen (beispielsweise: der wievielte ist heute? wieviel Silbergroschen hat der Thaler? wieviel ist drei mal fünf? wie heisst die Hauptstadt von Preussen?), beweisen nichts, gleichviel, ob sie richtig oder falsch beantwortet werden. Denn sie entscheiden höchstens die Frage, ob das Gedächtniss des Kranken gelitten, aber nichts über den Zustand der höheren geistigen Vermögen, auf die es doch hier wesentlich ankommt.

5) Eine eigenthümliche, im Gesetze aber nicht vorgesehene Schwierigkeit tritt gegenüber den sogenannten periodischen Krank-

heitsfällen auf. Das Wesen derselben besteht darin, dass die Krankheit nicht uno tenore verläuft, sondern in einer Abwechselung von Krankheitsanfällen und freien Zwischenräumen. Nun kommt es vor, dass während eines Anfalls der Antrag auf Entmündigung gestellt wird, der Explorationstermin aber in einen freien Zwischenraum fällt. Was dann? Der Arzt, der nur den gegenwärtigen Zustand zu beurtheilen hat, wird sich für Gesundheit, d. h. Zurückweisung der Provocation erklären müssen und es dem Richter anheimstellen, die Provocation zu geeigneter Zeit zu wiederholen.

Für die Abgabe des Gutachtens gelten folgende Regeln. Es sei kurz und präcise, ohne allen pedantischen Gelehrtenkram. Denn hier handelt es sich nicht um wissenschaftliche Doctrinen, sondern um eminent praktische Dinge, daher weg mit Allem, was zur Erreichung des praktischen Zweckes nicht erforderlich ist. Die Schreibweise sei durchsichtig und für den Laien (der Richter ist in diesem Falle Laie) verständlich. Die frühere Lehre, der aber noch Männer wie E. Platner und noch viel später Clarus huldigten, nach welcher ein technisches Gutachten stets nur aus einem Satze bestehen sollte, innerhalb dessen es nur Kommata und Semicolons geben sollte, ist glücklicherweise nur noch von historischem Interesse. Es ist entsetzlich, ein solches Gutachten zu lesen. Man versuche im Gegentheile, seine Gedanken in möglichst kurzen Sätzen vorzutragen. Jene älteren Gutachten sind furchtbar langweilig, während diese wenigstens interessant sein können. Dies ist nicht gleichgiltig, da der Richter seine Information daraus ziehen soll und ihm dies nicht durch die Form erschwert werden darf.

Für den Richter werthlos sind die Untersuchungen über den wissenschaftlichen Namen der Krankheit, die Heilbarkeit oder Unheilbarkeit derselben, ihre Ursachen, die Erblichkeit und was dergleichen mehr ist. Durch solche Zugaben wird das Gutachten zwar verlängert und ihm ein gelehrtes Ansehen aufgefirnisst, aber der Werth desselben nicht erhöht.

9*

§ 3.

3) Zurechnungsfähigkeit. Bei dieser Frage handelt es sich
darum, ob Jemand, der wider das Strafgesetzbuch gehandelt hat,
mit der gesetzlichen Strafe zu belegen, oder ob derselbe gänzlich oder theilweise mit der Strafe zu verschonen sei. Hierbei ist
in Bezug auf die Straflosigkeit resp. Strafmilderung nur von psychologischen Gründen die Rede. Mit einem Worte, es handelt sich
um die Frage der Willensfreiheit. Dass ein Mensch, der die That
ohne Willensfreiheit begangen hat, dafür nicht verantwortlich gemacht werden kann, darüber ist kein Streit.

Sagen wir es hier ein für alle Male, dass wir unter Zurechnungsfähigkeit resp. Zurechnungsunfähigkeit denjenigen Seelenzustand verstehen, welcher die Strafbarkeit resp. Straflosigkeit eines
Angeklagten zur nothwendigen Folge hat. Wenn ein Kind unter
12 Jahren strafrechtlich nicht verfolgt werden darf, wenn bei einem
Angeklagten unter 18 Jahren der Seelenzustand ex officio geprüft
werden muss und unter allen Umständen, gleichviel welches das
Resultat der Prüfung ist, nur ein sehr viel geringeres Strafmaass
gegen ihn erkannt werden darf (Str. G. B. § 57), so sehe ich darin
ein Stück Zurechnungsfähigkeit. Ich weiss dabei recht gut, dass
berühmte Rechtslehrer, mit denen zu streiten ich nicht die Unbe-
scheidenheit besitze, anderer Meinung sind und die Schuldfrage
von der Zurechnungsfähigkeitsfrage getrennt wissen wollen. Indessen
halte ich meine Auffassung jedenfalls vom gerichtsärztlichen Standpunkte für einfacher und für praktischer. Ich bin sogar so kühn,
eine eigenthümliche Auffassung dieses Begriffes aufzustellen, nehme
es aber durchaus nicht übel, wenn diese Auffassung nicht nach
Jedermanns Geschmack ist.

Ich finde nämlich, dass die deutsche Sprache ein unendlich
tieferes Verständniss für das Wesen der Sache verräth, als die
romanischen Sprachen mit ihrer Imputabilität, welche gar keinen
Seelenzustand, sondern nur die ihm äusserlichen, von der Gesetzgebung zudictirten Folgen ausdrückt. Das Wort Zurechnung setzt
voraus, dass etwas vorhanden ist, zu dem zugerechnet werden kann,

und etwas, was zugerechnet wird. Es handelt sich also, mathematisch ausgedrückt, um ein Additionsexempel. Voraussetzung der Addition ist stets, dass die Grössen, mit denen gerechnet wird, gleichartig sind. Man kann also, was von der Statistik nur allzu oft vernachlässigt wird, nicht Kaffee und Zucker addiren. Nun kann man sich füglich die Entwickelung des menschlichen Seelenlebens von seinen kleinsten Anfängen bis zur vollen Entwickelung als einen Additionsvorgang vorstellen, indem an eine kleine Anzahl erster Empfindungen, Gefühle, Vorstellungen mehr und mehr dieser Dinge hinzuwächst und sich um der Gleichartigkeit willen mit dem kleinen Anfang eng verbindet, wobei, da das Ungleichartige nicht mit verschmelzen kann, sich eine homogene Einheit bildet, welche man als Persönlichkeit, Individualität, auch wohl als persönlichen Charakter bezeichnet. Kommt nun im Leben des einheitlichen Individuums etwas vor, gleichviel ob es eine Vorstellungsweise oder eine Summe von Gefühlen, oder endlich eine Handlung ist, die mit dem bisherigen Charakter des Individuums in grellem Widerspruche steht, so kann die Differenz so gross sein, dass das Neue dem Alten nicht hinzugerechnet werden kann. Dies Sachverhältniss kann, ganz abgesehen von Handlungen, bei welchen der Richter mitzusprechen hat, lediglich auf dem Gebiete der Vorstellungen ablaufen, man nennt diese dann Wahnvorstellungen, und Niemanden wird es einfallen, diese dem Individuum zurechnen zu wollen. Ebenso ist es auf dem Boden der Gefühle. Es kommt vor, dass eine zärtliche Mutter, die ganz Liebe für ihre Kinder ist, dies Gefühl gänzlich verliert und an seine Stelle absolute Gleichgiltigkeit, ja Abneigung bis zum Tödten der Kinder tritt. Auch diese Gefühlsveränderung kann zu der bisher entwickelten Gefühlseinheit nicht 'hinzugerechnet werden. Man muss sie als etwas Neues, in das Individuum nicht Hineingehöriges betrachten. Dasselbe muss schliesslich von den Handlungen gelten, welche doch ohne vorherige Vorstellungen und Gefühle nicht existiren können. Meine Meinung geht natürlich nicht dahin, in jedem einzelnen Falle, in welchem bei einem Angeklagten die eben bezeichnete

Differenz erscheint, den Schluss auf Zurechnungsunfähigkeit zu machen. Wohl aber muss diese Differenz, wo sie in erheblichem Grade zu Tage tritt, die Vermuthung einer geistigen Störung erwecken, welche als Fingerzeig für tieferes Eingehen auf diesen Punkt dienen muss.

Eine sehr wichtige Frage bleibt noch zu besprechen, die Frage, ob es eine verminderte Zurechnungsfähigkeit (Grade derselben) giebt. Die Antwort auf diese Frage wird theils von der Jurisprudenz, theils von der gerichtlichen Psychologie gegeben werden müssen. Ich werde mich natürlich auf den Antheil der letzteren zu beschränken haben.

Meine persönliche Anschauung habe ich schon vor vielen Jahren (in meinem Lehrbuche der Psychiatrie) und auch später (in meinen „psychologischen Reflexionen über das Preussische Strafgesetzbuch, Oppeln, 1870") ganz bestimmt ausgesprochen und führe 2 Sätze aus der zuletzt erwähnten Schrift wörtlich an. Sie lauten: Für mich giebt es keine absolute Zurechnungsfähigkeit oder Unfähigkeit. Für mich fallen alle menschlichen Seelenexistenzen zwischen jene beiden idealen Pole, sie sind Grade des Meridians, welcher durch jene beiden Pole geht. Für mich giebt es nicht nur Grade der Zurechnungsfähigkeit, sondern es giebt überhaupt gar nichts Anderes, als Grade derselben.

Ob der Gesetzgeber diese Ansicht brauchen kann, ist eine Frage, die dem psychologischen Standpunkte fern liegt. Verwirft sie der Gesetzgeber, so sage ich ihm, dein Gesetz ist nicht auf die Psychologie gegründet. Es kann deswegen sehr gut sein u. s. w. Aber dem sei wie ihm wolle, es steht einmal nicht auf dem Standpunkte der Psychologie. Nicht auf dem Standpunkte der Psychologie in einer Frage, welche rein psychologisch ist. Nicht auf dem Standpunkte der Wissenschaft in einer Frage, welche rein wissenschaftlich ist.

Und ferner (S. 37 d. a. Schriftchens): Wenn man trotz alledem von der Einführung der verminderten Zurechnungsfähigkeit gerade eine schlechtere Rechtsprechung befürchtet, so erwidere ich offen, dass eine schlechtere Rechtsprechung, als nach dem bisherigèn Gesetze, gar nicht denkbar ist. Bei dem Entwurfe k a n n das Richtige getroffen werden, das Pr. Str. G. B. kannte nur das Falsche. Alle gefällten Erkenntnisse, bei welchen die Zurechnungsfähigkeit überhaupt in Frage kam, sind vor dem Forum der gerichtlichen Psychologie falsch. Ein Individuum, das gar nicht mehr zurechnungsfähig ist, begeht keine Morde, keine Brandstiftungen, keine Unterschlagungen. Ebenso falsch sind alle Erkenntnisse, in welchen sachverständigerseits die Zurechnungsfähigkeit bestritten und von dem Richter doch die gesetzliche Strafe erkannt wurde. Es ist undenkbar und es hat nie stattgefunden (was ich bis zum Beweise des Gegentheils behaupte), dass ein Sachverständiger ohne gewichtige, von seiner Wissenschaft ihm suppedirte Gründe die Seelengesundheit eines Angeklagten angezweifelt hätte. Aber auch wenn der Richter diese Zweifel theilte, so waren diese Zweifel bei ihm doch nicht mächtig genug (und meist mit Recht), um die volle Zurechnungsunfähigkeit auszusprechen. Es blieb ihm also nichts übrig, als einen Geisteskranken mit der vollen Strafe zu belegen. Das aber ist falsch und streitet wider den gesunden Menschenverstand.

Die Ansicht, welche der § 47 des Entwurfes vertritt, war übrigens für die preussische Legislation kein Novum. Sie war schon im A. L. R. enthalten (Alles, was die Freiheit des Handelns vermehrt oder vermindert, vermehrt oder vermindert die Zurechnungsfähigkeit). Dass der § 47 von dem gesetzgebenden Körper verworfen wurde, erklärt sich zum Theile aus der Ueberhastung, mit der aus politischen Gründen das Zustandekommen des Str. G. B. betrieben wurde, zum Theil aber (wie ich glaube) aus dem Einflusse, den der General-Staatsanwalt Dr. von Schwarze auf die Ver-

*) Entwurf zu einem Strafgesetze für den Norddeutschen Bund. Dieser enthielt im § 47 die nachstehende Bestimmung: Befand sich der Thäter zur Zeit der That in einem Zustande, welcher die freie Willensbestimmung zwar nicht völlig ausschloss, aber dieselbe beeinträchtigte, so ist eine Strafe zu erkennen, welche nach den über die Bestrafung des Versuches aufgestellten Grundsätzen abzumessen ist.

sammlung ausübte, welcher er vorredete (ich kann keinen anderen Ausdruck gebrauchen), dass das Princip zwar richtig wäre, dass es aber in praxi mit dem Kapitel der mildernden Umstände zusammenfalle. Dies könnte man sich allenfalls gefallen lassen, wenn das Gesetzbuch für alle Strafthaten mildernde Umstände zuliesse. Das thut es aber nicht, wie der General-Staatsanwalt wissen musste, und daher haben seine Worte nur die Bedeutung einer versuchten und gelungenen Ueberrumpelung. Mein Trost ist, dass ja das Strafgesetzbuch auch nicht für die Ewigkeit geschaffen ist und dass bei der nächsten Umarbeitung desselben die Wissenschaft endlich zu ihrem Rechte kommen wird.

Um die Frage, ob es eine absolute Freiheit des Willens gebe oder ob das, was wir so nennen, uns blos so erscheint, während es in der That nur eine nothwendige Wirkung von uns unbekannten Ursachen sei, kümmern wir uns, da sie der Philosophie angehört, gar nicht. Empirisch steht es für jeden Menschen fest, dass er im gegebenen Falle wählen kann, und dies könnte er nicht, wenn bei Entschliessungen ein eiserner Zwang regierte. Man beruft sich so gern auf die Physiologie. So lange aber diese von einem Unterschiede zwischen automatischen resp. reflectirten Bewegungen einerseits und den willkürlichen andererseits spricht, und das wird sie doch für alle Zeiten thun müssen, so lange ist von der Physiologie der freie Wille als Thatsache angenommen.

Empirisch haben wir allerdings zu fragen, wie die Willensacte entstehen und welches die Voraussetzungen sind, unter denen sie entstehen und zur That werden. Um in diese Frage Licht zu bringen, müssen wir uns zunächst erinnern, dass die Vorstellungen, aus denen unser Bewusstseinsleben besteht, eben nicht reine Vorstellungen sind, sondern dass ihnen meistens ein Gefühl des Angenehmen resp. des Unangenehmen, des Wünschenswerthen oder zu Vermeidenden anhängt und ihnen, um mich eines Gleichnisses zu bedienen, gewissermaassen Farbe oder Temperatur verleiht. Den Antheil, den die Vorstellungen unter diesem Gesichtspunkte von dem Gesammtbewusstsein (dem Ich) fordern, nennen wir das

Interesse. Die Absicht, durch Wirkung nach aussen (durch Muskelbewegung, durch Handlung) diesem Interesse zu entsprechen, können wir praktisch den Willen des Menschen nennen. Eine Krankheit des Willens, ein Zustand, bei welchem der Mensch das will, was nicht in seinem Interesse, in seinen Wünschen liegt, ist nicht denkbar und daher sind auch selbstständige Willenskrankheiten nicht zu statuiren, mit Ausnahme des einzigen Zustandes, bei welchem überhaupt die Summe der Geisteskräfte so geschmolzen ist, dass die Interessen erlöschen und in Folge dessen auch der Wille nicht zur Erscheinung kommt, vielmehr jede Aufforderung, etwas zu wollen, zu beschliessen, schmerzlich empfunden wird (Abulie s. § 44). Da dieser letztgenannte Zustand nicht zu Handlungen führt, so hat er auch für den Richter kein besonderes Interesse.

Es handelt sich also, wenn ein Entschluss gefasst werden soll, ohne den kein Wille denkbar ist, um einen Denkprocess, in welchem der ins Auge gefasste Zweck und die ihm entgegenstehenden Bedenken (gleichviel ob moralische oder praktische) gegen einander abgewogen werden. Das Resultat dieser Abwägung, dieser Ueberlegung ist dann der Entschluss, der weiter als nächstes Motiv der Handlung betrachtet werden muss. Damit dieser Entschluss als aus der Freiheit des Individuums hervorgegangen angesehen werden könne (Zurechnungsfähigkeit), muss erstens der Vorstellungsinhalt ein normaler sein, d. h. die Vorstellungen müssen der Wirklichkeit entsprechen, keine Wahnvorstellungen sein. Es muss aber auch zweitens Besonnenheit, d. h. die Fähigkeit, die zur Sache gehörigen Vorstellungen hervorzurufen, festzuhalten und ihrem Werthe gemäss abzuwägen, vorhanden sein, die nur bei normalen Menschen vorhanden, bei denen aber, die an geistiger Schwäche leiden, abnimmt bis zum Verschwinden. Fehlt eines dieser beiden Momente, so fehlen auch die Bedingungen zur Freiheit des Entschlusses und somit diese selbst. Die eben aufgestellte Reflexion stimmt übrigens der Hauptsache nach mit der Ansicht eines berühmten Rechtslehrers (Mittermaier) überein, welcher eine libertas judicii von einer libertas consilii unterschied.

Die ganze Lehre von den Willenskrankheiten, die innig zu-
sammenhängt mit der Lehre von den Monomanien, ist historisch wohl
auf Pinels Lehre von der manie sans délire, später folie raisonnante
genannt, zurückzuführen. Unter Monomanie verstand Esquirol einen
krankhaften Seelenzustand, bei welchem sich das ganze Dichten und
Trachten des Kranken um einen (nicht in der Wirklichkeit vorhandenen) Gegenstand oder um einige wenige verwandte Gegenstände drehte. Gemäss seiner systematisirenden Natur nahm er
drei Hauptarten an. 1) Die intellectuelle Monomanie, bei welcher
sich das Delirium auf dem Gebiete der Vorstellungen bewegte;
2) die affective Monomanie, die auf veränderten Gemüthszuständen,
Empfindungen beruht, und 3) die instinctive Monomanie, bei welcher
sich der Kranke zu Handlungen gedrängt fühlte, welche mit seinem
bisherigen Dasein im crassesten Gegensatze standen, welche nicht
von bestimmten (gleichviel ob normalen oder abnormen) Vorstellungen dictirt waren. Die letzte Form, die im einzelnen als
Mordmonomanie, Brandstiftungsmonomanie, Stehlmonomanie bezeichnet wurden, ist es hauptsächlich, welche den Streit über die
Willenskrankheiten erzeugt und namentlich den Grimm franzö-
sischer Advocaten (Regnault an der Spitze) hervorgerufen hat.

Die ganze Angelegenheit ist nicht von der Bedeutung für die
Rechtspflege, die man ihr fälschlich zugeschrieben hat. Man vergegenwärtige sich nur stets, dass dem Richter die wechselnden
medicinischen Theorieen mit ihren griechischen Namen höchst
gleichgültig sind. Er hat es nur mit der Analyse des einzelnen
Falles zu thun. Es ist ein Mord, eine Brandstiftung verübt worden.
Er will über den Seelenzustand des Angeklagten aufgeklärt sein.
Selbst wenn es eine Mordmonomanie etc. gäbe und der Beweis
geführt werden könnte, dass der Angeklagte an Mordmonomanie
gelitten, so ist der Richter noch nicht um ein Haar klüger, als er
vorher war. Das Gesetz verpflichtet ihn, sich um die Freiheit, resp.
Unfreiheit der Willensbestimmung zu bekümmern und in dieser
Richtung das Gutachten zu erfordern. Alles andere Gerede, mag

es noch so wissenschaftlich und modern sein, erregt sein Interesse
nicht und ist er daher billig damit zu verschonen.

Wissenschaftlich halte ich die Frage über die Monomanien noch
nicht für abgeschlossen. Wahr ist jedenfalls, dass die in der Literatur
vorhandenen Geschichten, welche als Beweise für das Vorhandensein dieser oder jener Form enthalten sind, zum allergrössten Theile
mehr anekdotenhaft und nicht geeignet, wissenschaftlichen Anschauungen als Basis zu dienen. Doch wäre es ungerecht, ihre
Bedeutung deshalb gänzlich ausser Acht zu lassen. Es existiren
allerdings Fälle, um bei der Mordmonomanie stehen zu bleiben,
welche deshalb von Wichtigkeit sind, weil der intendirte Mord
nicht vollendet worden und deshalb zu richterlichem Einschreiten,
Gutachten, Controversen etc. keine Veranlassung gegeben haben.
In diesen Fällen hat die Einsicht in die Verwerflichkeit der That
und der eigne Wille hingereicht, um den Antrieb zur That recht-
zeitig zu unterdrücken. Man kann daher, weil der intendirte Thäter
keine Ursache hat, sein Inneres zu verhüllen, den Aussagen desselben wohl unbedingten Glauben schenken.*)

In Bezug auf die Brandstiftungsmonomanie steht die Sache
so. Dass Brandstiftungen häufig genug von jugendlichen Individuen
verübt werden und dass ein grosser Theil derselben als zurech-
nungsunfähig angesehen werden muss, ist durch die ausserordentlich
fleissige und vorurtheilsfreie Arbeit von W. Jessen**) ausser allen
Zweifel gestellt, ohne dass der Verfasser zu dem Ergebnisse gelangt,
dass es eine besondere psychische Krankheitsform gebe, die den
Namen des Brandstiftungstriebes verdiente. Hiermit wird der Streit
wohl ein für alle Male geschlichtet sein.

Hiernach ist auch die Discussion über die Zurechnungsfähigkeit
der Wöchnerinnen, der Epileptischen und der Taubstummen zu
entscheiden. Nicht das Wochenbett, nicht die Epilepsie noch die

---

*) Vgl. Marc, über die Geisteskrankheiten in ihrer Beziehung zur Rechts-
pflege, übersetzt von Ideler. I. 173.

**) Willers Jessen, die Brandstiftungen etc. Kiel 1860.

Taubstummheit als solche begründen die Annahme der Zurechnungsunfähigkeit. Die genannten Krankheiten und Zustände können und sind sehr oft Veranlassungen zu dauernden oder vorübergehenden psychischen Störungen und können dadurch die Zurechnungsfähigkeit beschränken oder aufheben. Die letztere Frage wird aber nicht durch die ärztliche Diagnose der genannten Zustände entschieden, sondern muss für sich studirt und nach dem einzelnen Falle entschieden werden. Eine generelle Einwirkung der Gesetzgebung ist hierüber kaum nöthig und auch nicht zu erwarten. Man kann es ruhig dem Vertheidiger überlassen im einzelnen Falle, wenn er über die Zurechnungsfähigkeit Bedenken hat, seine Anträge auf Untersuchung dieses Punktes zu stellen, welchen von Seiten des Richters Folge gegeben werden muss.

Register.

〰〰〰

Druckfehler-Berichtigung.

Auf Seite 21, § 61 Zeile 5—7 lies statt: oder ob ...... Aussenwelt ist: — „oder ob er die Folge eines sich dem Sinnesorgane gerade darbietenden Objectes der Aussenwelt ist;"
Auf Seite 31, Zeile 1, statt: de — „die".

Breslauer Genossenschafts-Buchdruckerei, E. G.
Ursulinerstr. 1.